军迷·武器爱好者丛书

核武器与尖端武器

郭长存 / 编著

辽宁美术出版社

前 言
Foreword

  武器是人类智慧与科技发展的结晶,武器是战争的重要因素。历史证明,战争是与科学技术密切联系在一起的。尤其是 20 世纪中后期,相继出现了各种导弹、核能武器、电子战武器、定向能武器等尖端武器,都与科学技术的发展不可分割地联系在一起。

  核武器是指包括氢弹、原子弹、中子弹、三相弹、反物质弹等在内的利用核反应产生杀伤效应的武器。它缘于原子核科学——核反应的认识与发展。核反应与普通的化学反应有着很大的区别。

  利用普通化学反应制造的武器,如 TNT 炸药爆炸时释放的能量来自煤、石油等矿物燃料燃烧,即来自碳、氢、氧的化合、分解反应。在这些化学反应里,碳、氢、氧、氮等原子核都没有变化,只是各个原子之间的组合状态有了变化。

  而在核裂变或核聚变反应里,参与反应的原子核都转变成其他原子核,原子也发生了变化。因此,人们习惯上称这类武器为原子武器;但实际上是原子核的反应与转变,所以称核武器更为确切。

  核武器爆炸时释放的能量,比只装化学炸药的常规武器要大得多。例如铀全部裂变释放的能量比等量的 TNT 炸药爆炸能量大 2000 万倍左右。因此,核武器威力的大小,常用相同能量的 TNT 炸药量来表示,称为 TNT 当量(爆炸当量)。

  核武器不仅爆炸时释放的能量巨大,而且核反应可在微秒级内迅速完成。因此,在核爆炸周围会形成极高的温度,加热并压缩周围空气使之急速膨胀,产生高压冲击波。地面和空中核爆炸,还会在空气中形成火球,发出很强的光辐射。核反应还产生各种射线和放

射性物质碎片；向外辐射的强脉冲射线与周围物质相互作用，造成电流的增长和消失，其结果又产生电磁脉冲。

核武器系统一般由核战斗部、投射工具和指挥控制系统等部分构成。

所谓尖端武器，指基于核能科技研制的定向能武器、基因武器，以及现代科技与传统武器融合的特殊武器或装备。

定向能武器与核武器一脉相承，可算作第四代核武器，又叫"束能武器"，它是利用激光束、粒子束、微波束、等离子束、声波束的能量，产生高温、电离、辐射、声波等综合效应，采取束的形式，而不是面的形式向一定方向发射，从而利用各种束能产生的强大杀伤力摧毁或损伤目标。

基因武器缘于现代遗传学的脱氧核糖核酸（DNA）奥秘的发现，又称遗传武器，是利用基因工程进行基因转移和重新组合，培育出毒性大、耐力强、有抗药性、难以治疗的新型致病微生物，然而它如一把双刃剑，容易使人类走入残害自身的歧途。

综上所述，核武器和尖端武器的出现，必将对现代战争的战略和战术产生重大影响。为此我们特别编著了这本"军迷·武器爱好者丛书"《核武器与尖端武器》。本书选取了世界上近百种有名的核武器和尖端武器，从多个方面简明扼要地介绍其特点，同时为它们配备了高清大图。

目 录
Contents

核武器与尖端武器的历史 / 8

曼哈顿计划（美国）/ 16

"瘦子"核炸弹（美国）/ 18

"小男孩"核炸弹（美国）/ 20

"胖子"核炸弹（美国）/ 22

比基尼环礁核试验场（美国）/ 24

内华达地下核试验场（美国）/ 26

MK4型核炸弹（美国）/ 28

MK5型核炸弹（美国）/ 30

MK6-0型核炸弹（美国）/ 32

MK7型核炸弹（美国）/ 34

MK8型核炸弹（美国）/ 36

MK12型核炸弹（美国）/ 38

MK14/TX14型核炸弹（美国）/ 40

MK17/EC17型核炸弹（美国）/ 42

MK28/B28型核炸弹（美国）/ 44

MK36型核炸弹（美国）/ 46

MK41/B41型核炸弹（美国）/ 48

MK53/B53型核炸弹（美国）/ 50

MK系列核炮弹（美国）/ 52

MK45 型核鱼雷（美国）/ 54

MK57 / B57 型核炸弹（美国）/ 56

AIR-2A / AIR-2B（MB-1）型空空核火箭弹（美国）/ 58

B61-12 型核炸弹（美国）/ 60

M-388 型核火箭筒（美国）/ 62

ADM"山脉"战术核地雷（美国）/ 64

MK1"野猪"核火箭弹（美国）/ 66

"那伐鹤"核巡航导弹（美国）/ 68

SM-62"蛇鲨"核巡航导弹（美国）/ 70

M31 / M50 / MGR-1"诚实约翰"地地核火箭弹（美国）/ 72

SM-75 / PGM-17"索尔"中程弹道导弹（美国）/ 74

SM-78 / PGM-19A"木星"中程弹道导弹（美国）/ 76

SM-68 / HGM-25 / LGM-25"泰坦"洲际弹道导弹（美国）/ 78

M14 / MGM-31"潘兴"中程弹道导弹（美国）/ 80

UGM-73"波塞冬"潜射弹道导弹（美国）/ 82

SM-80 / LGM-30"民兵"洲际弹道导弹（美国）/ 84

"短跑"核反导导弹（美国）/ 86

"战斧"系列巡航导弹（美国）/ 88

LGM-118A"和平卫士"洲际弹道导弹（美国）/ 90

UGM-133"三叉戟"II潜射弹道导弹（美国）/ 92

"鹦鹉螺"号核潜艇（美国）/ 94

弗吉尼亚级攻击核潜艇（美国）/ 96

拉法耶特级战略核潜艇（美国）/ 98

俄亥俄级战略核潜艇（美国）/ 100

B-1"枪骑兵"轰炸机（美国）/ 102

B-2"幽灵"隐形轰炸机（美国）/ 104

MGM-52"长矛"地地导弹（美国）/ 106

核电磁脉冲弹（美国）/ 108

MGM-134"侏儒"小型洲际弹道导弹（美国）/ 110

"范登堡将军"号航天测量船（美国）/ 112

AN/TPY-2 陆基 X 波段雷达（美国）/ 114

AN/FPS-108"丹麦眼镜蛇"雷达（美国）/ 116

美国海基 X 波段雷达（美国）/ 118

"铺路爪"雷达（美国）/ 120

导弹预警卫星（美国）/ 122

便携式核炸弹（美国）/ 124

星球大战计划（美国）/ 126

舰载激光武器系统（美国）/ 128

机载激光武器系统（美国）/ 130

电磁轨道炮（美国）/ 132

RDS-1"南瓜"核炸弹（苏联）/ 134

T-5 型核鱼雷（苏联）/ 136

RDS-220"大伊万"氢弹（苏联）/ 138

SS-N-3"柚子"核巡航导弹（苏联）/ 140

SS-6"警棍"洲际弹道导弹（苏联）/ 142

2A3 型原子炮（苏联）/ 144

SS-7/SS-8 洲际弹道导弹（苏联）/ 146

SS-N-4/SS-N-5 潜地弹道导弹（苏联）/ 148

SS-N-6/SS-N-8 潜地弹道导弹（苏联）/ 150

SS-9"悬崖"洲际弹道导弹（苏联）/ 152

SS-N-7/SS-N-9 潜射/舰射核导弹（苏联）/ 154

SS-N-12"沙箱"核反舰导弹（苏联）/ 156

SS-18"撒旦"洲际弹道导弹（苏联）/ 158

SS-N-19"花岗岩"反舰导弹（苏联/俄罗斯）/ 160

SS-N-22"日炙"反舰导弹（苏联/俄罗斯）/ 162

台风级战略核潜艇（苏联/俄罗斯）/ 164

北风之神级战略核潜艇（苏联/俄罗斯）/ 166

图-22M"逆火"战略轰炸机（苏联）/ 168

图-160"海盗旗"战略轰炸机（苏联/俄罗斯）/ 170

"死亡之手"核打击系统（苏联/俄罗斯）/ 172

"尤里·加加林"号航天测量船（苏联）/ 174

"顿河-2N"雷达（俄罗斯）/ 176

"沃罗涅日—DM"预警雷达（俄罗斯）/ 178

1K-17型激光坦克（苏联）/ 180

A-60型激光飞机（苏联/俄罗斯）/ 182

"佩列斯韦特"激光武器（俄罗斯）/ 184

"蓝色多瑙河"核炸弹（英国）/ 186

"红须"战术核炸弹（英国）/ 188

"蓝剑"战略空地核导弹（英国）/ 190

"北极星"潜地导弹热核弹头（英国）/ 192

前卫级战略核潜艇（英国）/ 194

"胜利者"战略轰炸机（英国）/ 196

AN11/22型核炸弹（法国）/ 198

AN51/52型核炸弹（法国）/ 200

S3型弹道导弹（法国）/ 202

"冥王星"战术弹道导弹（法国）/ 204

ASMP空地核巡航导弹（法国）/ 206

"蒙日"号航天测量船（法国）/ 208

凯旋级战略核潜艇（法国）/ 210

"幻影"Ⅳ战略轰炸机（法国）/ 212

"鹦鹉螺"车载激光反火箭系统（以色列）/ 214

核武器与尖端武器的历史

核科学的初步认识

早在公元前400年,古希腊人便探究过原子的概念;在古代,其他一些科学家也都提出过类似的理论。不过那时,人类对原子的认识还仅在幻想阶段。

直到1802年,道尔顿对水进行电解,得到两种气体(氢气和氧气),一种是另一种体积的一半,科学界才开始理解原子。

1895年,德国物理学家伦琴向人类宣布发现了一种新型光,称作X光或X射线。这是放射性首次被发现,为了纪念伦琴的巨大贡献,射线的计量单位被命名为"伦琴",简称"伦"。

1898年,法国物理学家居里夫妇经过异常辛劳的工作,从粗杂的沥青矿中除去各种杂质,提取出两种元素——镭和钋。后来证实,镭的放射性比铀强4倍,钋的放射性则比铀强100倍。人们把放射性活度的计量单位命名为"居里"。

同时,亨利·贝可勒尔与居里夫妇共同发现了一种新的放射性现象。他们隔离了高放射性元素镭,发现放射性物质会产生3种不同类型的强烈透射光线,标记为α、β和γ。这些辐射中的一些可以穿过普通的物质,并且它们都可能是有害物质。所有早期的研究人员都受过各种辐射烧伤,很像晒伤。

1903年,英国物理学家卢瑟福又有突破性发现,证明原子并不是像希腊人想象的那样是实心的小球。他向金箔发射氢离子,大部分离子都穿过金箔,只有少部分发生转向或者回弹。这说明原子是中空的,由一个很小的原子核和电子组成。

1905年,当时只有26岁的德国科学家爱因斯坦创立了狭义相对论,提出了著名的质能关系式:$E=mc^2$,从而预示了利用原子核能的可能性。后世用以计算核分裂所产生的能量公式,就是以此为依据的。

核能的全称叫"原子核能",它的发现与人们对原子世界的探索密切相关。

1932年,英国物理学家查德威克通过不断试验,终于发现

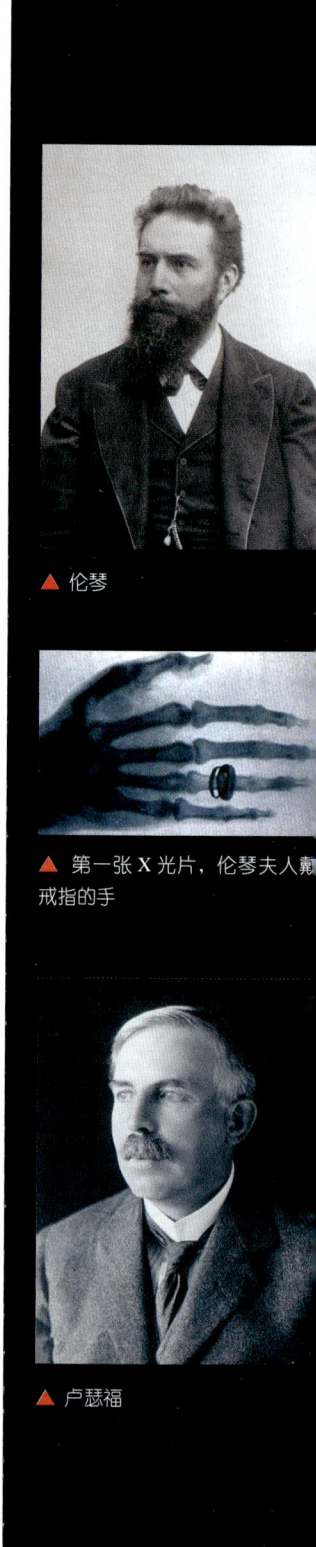

▲ 伦琴

▲ 第一张X光片,伦琴夫人戴戒指的手

▲ 卢瑟福

了中子。它是一种中性的粒子，质量与质子大体相当。没过多长时间，有人提出理论，认为原子核是由质子和中子组成的。中子的发现，使人们找到了一种"攻破"原子核的武器。中子的特点是不带电，这使它非常容易与原子核接近。

1934年，意大利物理学家恩里科·费米在此基础上，利用慢中子对周期表上各元素的原子核进行逐个轰击。当轰击到第92号元素铀的原子核时，出现了比较复杂的情况，他猜测铀原子受中子轰击后可以变成一种新元素。他继续实验，结果在短短几个月内制造出了37种新的人造元素。

核武器的产生

1938年年底，德国化学家哈恩通过实验发现，铀原子核受中子轰击后发生化学反应，变成了钡和氪的原子核。奥地利女物理学家迈特纳与侄子弗里施对哈恩的论文进行了细致研究，认为铀原子核受中子轰击后会分裂成两半。他们借用生物学中的一个词称之为"裂变"。

与铀核裂变一同出现的是大量能量。一个只有几电子伏能量的慢中子，轰击铀核使它产生裂变反应，由于质量亏损，它所释放的能量竟然有几亿电子伏之多。

多次科学实验，终于证明了一个令人吃惊的事实：所有物体的每1克质量的变化，都会释放出与2500万千瓦·时电相当的能量！这种能量实在是太强大了！

但是，为什么人们感觉不到普通物质释放出的如此巨大的能量呢？这是因为在日常生活中所见到的普通物理反应、化学反应之中，前后的总质量并没有发生变化。

美籍意大利物理学家费米还进一步进行推想：如果在铀核裂变的过程中同时释放出一些中子，那么，新一代中子会导致更多的原子核产生分裂。假如能这样一代比一代更快、更大规模地进行下去，就会造成"链式反应"。

这种核裂变的链式反应能不能引发"核爆炸"呢？之后，科学家通过仔细研究，认为这种现象是可能出现的。

核能的发现为核的应用前景铺平了道路。但正如美国"氢弹之父"爱德华·泰勒所说："每一次把新的科学用于实践，都产生了用于战争的新技术。"核能的开发也被首先用于军事目的，即制造威力巨大的原子弹。

▲ 费米

▲ 居里夫妇

早在1918年，彼得格勒（1924—1991年改称列宁格勒，今圣彼得堡）就建立了X射线与辐射研究所，1922年又成立了镭研究所。到了二战前的20世纪30年代，苏联的一些科学家进行了有关原子核能的释放和利用的研究工作。

几乎在法国提出制造原子弹计划的同时，德国也提出了制造原子弹的计划。不过，德国虽然拥有一定数量的铀资源和相当的经济实力，还有一支当时世界第一流的科技队伍，在研制方面已经取得了一系列的进展（如1940年12月，在沃纳·海森堡的领导下建成了第一个原子反应堆），但是直到1945年5月战败投降，都没有制成原子弹。

▲ 1945年4月，在斯图加特西南的海格洛赫拆除德国核试验反应堆

从1939年起，由于德国扩大侵略战争，欧洲许多国家开展科研工作日益困难。正当上述有指导意义的研究成果发表时，英、法两国向德国宣战。1940年夏，德军占领法国，居里领导的一部分法国科学家被迫移居国外。

英国继法德之后，于1940年组建了旨在从事研制核武器的汤姆逊委员会，但由于受战争影响而被迫中断，后来只能采取与美国合作的办法，派出以物理学家查德威克为首的科学家小组，赴美国参加由理论物理学家奥本海默领导的原子弹研制工作。

另外，日本人在研制新式武器方面的积极性也是很高的。1941年5月，日本最高军事司令部陆空力量科技局的将军安田竹生指派日本物化研究所对"制造铀弹的可能性"进行研究。可是缺铀对于制造原子弹恰如无米之炊，因此日本还曾向德国请求秘密运送1吨氧化铀，然而其在航行到马来西亚沿岸附近时便被美军舰艇发现并击沉。直到美国人向日本扔了原子弹，日本人还没能研制出核武器。

在美国，从欧洲迁来的匈牙利物理学家齐拉德·莱奥首先考虑到一旦德国掌握原子弹技术可能带来严重后果。经他和另几位从欧洲移居美国的科学家奔走推动，在1939年8月，由同样移居美国的爱因斯坦写信给美国总统罗斯福，建议研制原子弹。这引起了美国政府的注意，但开始只拨给其经费6000万美元。

▲ 苏联第一次核试验成功

▼ 1945年7月16日，美国"三位一体"核试爆成功

直到1941年12月，日本偷袭珍珠港后，美国才决定扩大研究规模，到1942年8月发展成代号为"曼哈顿工程"的庞大计划，直接动用的人力约60万人，投资20多亿美元。

到二战即将结束时，美国终于制成了原子弹，由此成为世界上第一个拥有原子弹的国家。

核武器的发展

早在1939年4月时，德国汉堡大学教授保尔·加尔代克就曾给其国防部写信提醒："根据我们的看法，这些事实为制造一种破坏力大于常规炸弹很多倍的爆炸物提供了可能……第一个使用核物理新成就的国家，定将取得对别国的绝对优势。"

1945年5月德国投降后，美国有不少知道"曼哈顿工程"内幕的人士，包括以物理学家弗兰克为首的一大批从事这一工作的科学家，反对用原子弹轰炸日本城市。当时，日本侵略军受到中国人民长期抗战的有力打击，实力大大削弱；美、英在太平洋地区的进攻，又几乎全部摧毁日本海军，海上封锁使日本国内的物资供应极为匮乏。

但是，通过硫黄岛一战，美国估计要彻底打垮日本，即在日本本土登陆，还要付出巨大的牺牲。用原子弹似乎是最快结束战争的方式。

于是，1945年8月6日、9日，美军先后在日本的广岛和长崎投下了代号分别为"小男孩"和"胖子"的原子弹。原子弹的空前杀伤力和破坏力震惊了世界，也使人们对以利用原子核的裂变或聚变的巨大爆炸力而制造的新式武器有了新的认识。

1949年8月，苏联进行了原子弹试验。这也促使美国总统杜鲁门于1950年1月下令加速研制第二代核武器——氢弹。

之后美苏两国展开了激烈的竞争：

1952年11月，美国进行了以液态氘为热核燃料的氢弹原理试验，但该实验装置非常笨重，不能用作武器。

1953年8月，苏联进行了以固态氘化锂-6为热核燃料的氢弹试验，使氢弹的实用成为可能。

1954年2月，美国进行了类似的氢弹试验……

与此同时，英国、法国也先后各自进行了原子弹与氢弹试验。

自20世纪60年代以来，核武器的发展，首先是核战斗部的重量、尺寸大幅度减小但仍保持一定的威力，也就是比威力（威力与重量的比值）有了显著提高。例如，美国在长崎投下的原子弹重量约4.5吨，威力约2万吨TNT当量；20世纪70年代后期，装备部队的"三叉戟"Ⅰ潜地导弹，总重量约1.32吨，共8个分导式子弹头，每个子弹头威力为10万吨TNT当量，其比威力同在长崎投下的原子弹相比，提高135倍左右。

威力更大的热核武器，比威力提高的幅度还更大些。但一般认为，这一方面的发展或许已接近客观实际所容许的极限。

世界上最大的一次核爆炸是苏联于1961年10月30日在新地岛进行的热核氢弹爆炸，当量5000万吨（原定10000万吨），爆炸威力的半径为700千米，总覆盖面积为8.26万平方千米。核爆炸后，4000千米内的飞机、导弹、雷达、通信设备等全部受到不同程度的影响。由于核爆炸对环境破坏太严重且威力过度，以后世界各国再未有如此疯狂的试验。

自20世纪70年代以来，核武器系统的发展更着重于提高武器的生存能力和命中精度，如美国的"和平卫士"MX洲际导弹、"侏儒"小型洲际导弹、"三叉戟"Ⅱ潜地导弹，苏联的SS-24、SS-25洲际导弹，都在这些方面有较大的改进和提高。

到了20世纪80年代之后，核武器进入了第三代——中子弹时期。这也是核武器的另一发展动向，即通过设计调整其性能，按照不同的需要，增强或削弱其中的某些杀伤破坏因素。

"增强辐射武器"与"减少剩余放射性武器"都属于这一类。前一种将高能中子辐射所占份额尽可能增大，使之成为主要杀伤破坏因素，通常称之为中子弹；后一种将剩余放射性减到最小，突出冲击波、光辐射的作用，但这类武器仍属于热核武器范畴。

1951年，美国在位于太平洋的比基尼环礁核试验场举行代号"温室行动"的热核炸弹测试

苏联"沙皇炸弹"，其威力是"小男孩"原子弹的3864倍，"胖子"原子弹的2300倍

"和平卫士"的W87分导弹头

尖端武器的发展

尖端武器中最大的一类，其实是核武器最新发展的第四代——核定向能武器。这些核炸弹不产生剩余核辐射，因此可作为"常规武器"使用，主要种类有：反物质弹、粒子束武器、激光引爆核炸弹、干净的聚变弹、同质异能素武器等。

第四代核武器的另一特点是突出某一种效果，如突出电磁效应的电磁脉冲弹，使通信信号混乱。它可以使高能激光束、粒子束、电磁脉冲等离子体定向发射，有选择地攻击目标，单项能量更集中，有可控制的特殊杀伤破坏作用。

另外还有一种定向能武器又称"束能武器"，它是利用激光束、粒子束、微波束、等离子束、声波束的能量，产生高温、电离、辐射、声波等综合效应，采取束的形式，而不是面的形式向一定方向发射，从而利用各种束能产生的强大杀伤力摧毁或损伤目标。依其发射能量的载体不同，定向能武器可以分为激光武器、粒子束武器、微波武器。

自20世纪60年代激光问世以来，科学家就希望能够研制出激光武器，并为此进行了锲而不舍的努力。但是，要研制这种全新的武器，科学家面临着一系列技术上的挑战。首先，需要研制出输出功率或能量足够大的激光器；其次，需要研制出能够使激光束精确瞄准和跟踪目标的系统；再次，要了解高能（功率）激光束在大气中传输的特性，并找出解决影响激光束传输的办法；最后，需要研究激光与目标材料的相互作用机理，为设计激光武器提供技术基础。

到了20世纪80年代中后期，苏联和英国的军舰或陆上已有实验性战术激光武器装备，美、法、德等国也做了大量试验。

到了20世纪90年代，仅美国政府对激光武器的研究投资就达90亿美元。20世纪90年代中期，以色列北部经常有黎巴嫩游击队用火箭炮进行攻击，以色列对此缺少有效的防御手段。于是以色列和美国合作，制订"鹦鹉螺"计划进行试验，以高能氟化氘化学激光器和光束瞄准系统射击飞行的火箭弹，这就是车载"鹦鹉螺"激光反火箭系统。

1996年2月在白沙导弹靶场，该战术高能激光武器利用先进的中红外化学激光器成功击落2枚飞行中的BM-21"喀秋莎"火箭弹，从总体上看，初次试验很成功。

据 2013 年 4 月各大通信社的报道，美国海军将首次在军舰上部署激光武器，其可击落无人机或使军舰瘫痪；2015 年 5 月，媒体报道美国军方目前正在测试一种机载激光武器，能够安装在无人机或者战斗机上。

多年来，在解决这些技术难题的科学探索过程中，科学家尽管屡战屡败，但屡败屡战，逐步向实现激光武器的梦想迈进。

当应用了原子理论的核武器诞生后，武器发展进入了原子和分子的世界。电子、质子、中子和其他带正、负电的离子都可被称为粒子。按照科学计算，粒子被加速到光速，就能作为武器使用。粒子束发射后，可熔化或破坏目标，而且在命中目标后，还会发生二次磁场作用，对目标进行破坏。这就是粒子束武器的原理。

对粒子束武器的研究，苏联是从 1974 年开始的。当时他们在电离层和大气层外的宇宙系列卫星、载人飞船和礼炮号空间站上进行了 8 次带电粒子束传导方法试验；在列宁格勒（今圣彼得堡）地区进行过粒子束武器的地上试验。

而 1975 年以来，美国预警卫星多次发现大气层上有大量带有氚的气体氢，认为可能是发射带电粒子束造成的。1976 年，美国预警卫星探测到苏联在哈萨克斯坦的沙漠地带进行了产生带电粒子束的核聚变型脉冲电磁流体发动机的试验。

美国国防部在 1981 年设立了定向能技术局来开发粒子束武器和激光武器，从 1981 财年开始实施预算额为 3.15 亿美元的五年开发计划。

不过，粒子束作为武器使用时必须兼备大电流和高能量以及数兆瓦的能源，它要在现有的基础上，功率增加几千倍，甚至几万倍。因为存在一系列技术难题，尽管苏联（俄罗斯）、美国都在积极研究粒子束武器，但陆基和天基粒子束武器截至 2013 年尚处于可行性验证阶段。

微波武器又叫射频武器或电磁脉冲武器，它是利用高能量的电磁波辐射去攻击和毁伤目标的。与激光、粒子束武器相比，其波束宽得多，作用距离更远，受气候影响更小。而且只需大致指向目标，不必像激光、粒子束武器那样精确跟踪、瞄准目标，便于火力控制，从而使敌方对抗措施更加困难和复杂化。

最早尝试将电磁波作为武器是二战时期，在雷达发明并成功应用于实战不久后就有人创造性地提出用电磁波去攻击对方飞机。到

▲ "鹦鹉螺"激光系统

▲ 大型强子对撞机

▲ 俄罗斯"顿河-2N"雷达

战争后期，当时的德国为对抗处于绝对优势的同盟国军队空中力量，其科学家提出用特制的大型聚焦天线将电磁波汇焦后发射出去，用来击毁同盟国飞机。

德国曾经对此进行过相当系统的研究并取得一定成果，由于战争进程太快，因此将其电磁波武器的资料通过潜艇送到日本。但日本由于自身技术实力实在太差，因此始终没有取得任何进展。

战后，德国电磁波武器的相关资料分别被美国和苏联获得，在此基础上美、苏分别开始各自电磁波武器的研制工作，后来随着技术的进步，电磁波武器最终发展为目前的微波武器。它可用于攻击卫星、弹道导弹、巡航导弹、飞机、舰艇、坦克、通信系统以及雷达、计算机设备，尤其是指挥通信枢纽、作战联络网等重要的信息战的节点和部位，使目标遭受物理性破坏并丧失作战效能。

尖端武器中还有一类属于生化武器，包括"哑巴杀手"次声波武器和基因武器。前者以次声波使听者出现慌乱、恐怖感及其他精神失常现象，从而造成骚乱；而后者则具有定向感染性，使含有特殊基因的民族受到专门危害。

还有一类尖端武器，则是使用了最为先进的纳米技术的各种袖珍士兵、飞机或机器人，组成了独具一格的"微型军团"。

总之，这些尖端武器是重要的威慑力量和作战手段，对战斗乃至整个战争的进程都有着重大的影响，必将在现代和未来战争中占据极其重要的地位。

▲ 美国电磁炮发射瞬间

MANHATTAN PROJECT
曼哈顿计划（美国）

■ 简要介绍

曼哈顿计划是美国陆军部于1942年6月开始实施的，利用核裂变反应来研制原子弹的计划。它集中了当时西方国家最优秀的核科学家，最终于1945年7月16日成功地进行了世界上第一次核爆炸，并按计划制造出实用的原子弹。

■ 研制历程

1941年12月7日，日本偷袭美国珍珠港，美国对日本宣战，自此开始，美国正式卷入二战。此时，德国已经开始了核武器开发计划——"铀计划"，目的是制造出核武器，以运用在二战之中。一些美国科学家提出要在德国之前研发出原子弹。

1941年12月6日，美国正式制订了代号为"曼哈顿"的绝密计划。罗斯福总统赋予这一计划以"高于一切行动的特别优先权"。

在1942—1946年间，曼哈顿计划由美国陆军工程兵团的莱斯利·格罗夫斯少将领导。曼哈顿计划的负责人为美国物理学家罗伯特·奥本海默。

基本资料	
存在时期	1942—1946年
国家或地区	美国 / 英国 / 加拿大
部门	美国陆军工程兵团
驻军/总部	美国田纳西州橡树岭
著名指挥官	肯尼斯·尼科尔斯

■ 制造成功

1942年12月2日，在美籍意大利著名物理学家费米的指导下，芝加哥大学建成世界上第一个实验型原子反应堆，成功地进行可控的链式反应。1943年春，由奥本海默领导的制造原子弹的工作在洛斯·阿拉莫斯的实验室开始。1944年3月，橡树岭工厂生产第一批浓缩铀-235。1945年7月12日，一颗实验性原子弹开始最后装配。同年7月16日，世界上第一颗原子弹在新墨西哥州阿拉莫戈多的一片沙漠地带试验成功。

1944年6月，汉福德B反应器现场鸟瞰图

▲ 橡树岭 K-25 工厂（左图）；参与计划的女性工作者，她们当时不知道自己曾参与了什么活动，直到50年后才知道自己当年参与的是什么样的军事行动（右图）

知识链接 >>

在"曼哈顿计划"实施之初，人们还不知道分裂铀-235的3种方法哪种最好，只得用3种方法同时进行裂变工作。这项复杂的工程成了美国科学的熔炉，在"曼哈顿"工程管理区内，汇集了以奥本海默为首的一大批来自世界各国的科学家。科学家人数之多简直难以想象，在某些部门，带博士头衔的人甚至比一般工作人员还要多，而且其中不乏诺贝尔奖得主。

"瘦子"核炸弹（美国）

■ 简要介绍

"瘦子"是美国军方第一枚研制并试爆成功的核炸弹，也是世界历史上的第一种核武器。该弹以钚–239为核填料，因外形较瘦长而得名。1945年7月16日5时30分，"瘦子"在新墨西哥州阿拉莫戈多空军基地的沙漠试爆成功。这次成功使美国坚定了用核炸弹轰炸日本的信心，也为人类战争史的一个新时代——核战争时代拉开了序幕。

■ 研制历程

1939年8月的一天，美国总统罗斯福收到了一封来自著名科学家爱因斯坦的信，爱因斯坦提议让美国研制核炸弹。同年10月19日，罗斯福决定研制核炸弹。按照他的指示，一个代号为"S–11"的小组迅速成立。

美国科学家在提取铀–235的同时开始研究也能用于制造核炸弹的钚的提取方法。1943年2月28日，汉福莱特建立了生产钚–239的工厂，到了12月，才生产出2毫克。后来在增加投入的情况下，钚的生产加速，到1945年6月，生产出了6千克。

1945年，以钚–239为核填料的"瘦子"核炸弹，与另外一枚同样以钚–239为核填料的"胖子"及以铀–235为核填料的"小男孩"研制成功。

基本参数

基本参数	
弹径	0.61米
弹长	5.5米
全重	3.4吨

■ 测试效果

1945年7月16日，"瘦子"核炸弹在新墨西哥州阿拉莫戈多空军基地沙漠上的"三一试验场"进行试爆。5时30分，只见一团巨大的火球升上天空，美国的整个西部都听到了声响，很多人都惊奇地以为太阳提前升起来了。随着高大的蘑菇状烟云的升起，这开天辟地的第一爆成功了。美国总统杜鲁门得知试爆成功后非常高兴，1945年8月2日，他决定对日本使用原子弹。

知识链接 >>

"瘦子"核炸弹是"枪式"结构的钚弹,和"胖子"的内爆式钚弹相比,外形上较为瘦长,因此命名为"瘦子"。虽然"瘦子"中只有一少部分钚参与了核裂变,但其释放的能量依然相当于1.3万吨的烈性炸药。

▲ 美军于1945年7月16日进行了世界上首次的"三位一体"核试爆(左图);罗伯特·奥本海默和莱斯利·格罗夫斯将军在察看"三位一体"的爆炸现场(右图)

"小男孩"核炸弹（美国）

■ 简要介绍

"小男孩"是世界上首次用于实战的核炸弹。1945年8月6日，其由B-29轰炸机携带并投掷。该弹给日本广岛市造成极大杀伤破坏。该弹衍生型号为MK1，1945年8月—1950年2月，美国共制造了5枚该型核炸弹。1951年1月，该型核炸弹退役。

■ 研制历程

1942年8月，美国政府在纽约以东的曼哈顿地区建立了一个研究机构，作为研制核炸弹的领导机关。这一庞大计划的代号为"曼哈顿工程"，投资20多亿美元。1942年年底，科学家费米建立了人类历史上第一座核反应堆——铀–石墨反应堆。

在进行各项具体工作的同时，科学家也进行了为核炸弹总装地选址和准备工作，称为"V计划"，奥本海默博士担任组织者、核炸弹总设计师，由此他也被称为"核炸弹之父"。

1945年7月，以铀–235为核填料的原子弹最终组装完成，被命名为"小男孩"。

基本参数

基本参数	
弹径	0.71米
弹长	3.05米
全重	4吨
TNT当量	1.5万吨

■ 实战表现

1945年8月6日，美国空军B-29超级空中堡垒轰炸机在广岛投掷了一枚"小男孩"核炸弹，广岛遭受到了极大的破坏。

知识链接 >>

"小男孩"核炸弹采用枪法组装结构，包含64千克的铀，可是只有不超过1千克的铀参与了核裂变，其中只有0.6克的物质真正地转化成能量，释放的能量相当于1.3万吨的烈性炸药，约为 5.4×10^{13} 焦耳。

▲ 即将在日本广岛投掷的"小男孩"正在被升降机装入B-29轰炸机炸弹舱

FAT MAN
"胖子"核炸弹（美国）

■ 简要介绍

"胖子"是二战时美国在日本长崎投掷的原子弹，据说其名字是受丘吉尔体形的启发。1945年8月9日，由查理士·斯文尼驾驶的B-29超级空中堡垒轰炸机在长崎上空进行了人类历史上第二次核武器打击，这也是至今为止人类最后一次使用核武器。

■ 研制历程

1939年9月，欧洲战事如火如荼，匈牙利物理学家利奥·西拉德只得移居美国，随后，他为罗斯福总统送上具有历史性的原子弹开发建议书。

1941年2月，柏克莱加州大学的格伦·西奥多·西博格成功发现了第94号元素——钚。随后以钚作为原子弹等核武器的原料一事迅速得到国际关注。由于钚弹的核裂变反应与铀弹不尽相同，二者的构造也必然不同。于是在1945年，以钚为核填料的核炸弹采用了两种不同的引爆方式："瘦子"采用了与以铀为核填料的"小男孩"一样的枪式，而受丘吉尔体形的启发命名的"胖子"，则采用了内爆式，代号MK3。

基本参数	
弹径	1.52米
弹长	3.25米
全重	4.5吨

■ 实战表现

1945年8月9日10时58分，查理士·斯文尼驾驶的B-29超级空中堡垒轰炸机飞抵长崎上空9000米处。在三菱制钢所和三菱鱼雷厂之间的上空，"胖子"离开飞机，从天而落。当地时间11时02分，"胖子"在550米高度爆炸，当时长崎上空出现了当地人从未见过的、异常炽亮的蓝色闪光。然后，就是沉闷的隆隆声和强大的冲击波！

知识链接 >>

"胖子"核炸弹的核装药部件由天然铀反射层、钚-239弹芯和中子源起爆器等组成,与炸药一起封闭在铸造杜拉合金球内。"胖子"采用的是内爆式钚弹,即将高爆速的烈性炸药制成球形装置,将小于临界质量的核填料制成小球,置于炸药中。通过电雷管同步点火,使炸药各点同时起爆,大大超过临界。再利用一个可控的中子源起爆器适时提供若干中子,等到压缩波效应最大时,才触发链式裂变反应。

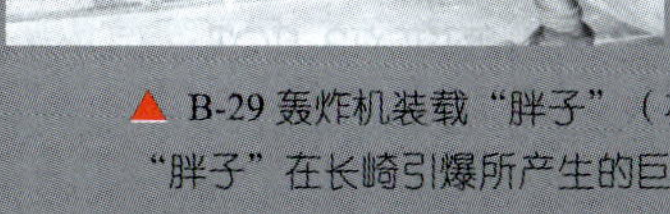

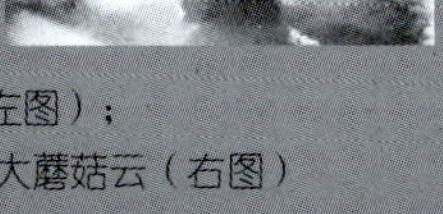

▲ B-29轰炸机装载"胖子"(左图);
"胖子"在长崎引爆所产生的巨大蘑菇云(右图)

BIKINI ATOLL NUCLEAR TEST SITE
比基尼环礁核试验场（美国）

■ 简要介绍

比基尼环礁是美国自二战至冷战时期进行核试验的场地。1946—1958 年，美国在此进行了 67 次核武器爆炸试验。出于这一历史原因，比基尼环礁成为原子时代到来的象征，马绍尔群岛遗址也成为首个被列入《世界遗产名录》的遗址。

■ 研制历程

比基尼环礁是一个属于太平洋马绍尔群岛的堡礁，自 1944 年日本被驱离马绍尔群岛后，该群岛及环礁即归美国海军管理。二战后，历史进入了以冷战为标志的新一页，在此背景下，美国决定在位于太平洋马绍尔群岛的比基尼环礁恢复核试验，为此他们疏散了居民。

1946 年 7 月 25 日，美国军方首次在马绍尔群岛展开核试验，即"十字路口行动"。原子弹爆炸之后，巨大的蘑菇云升起在马绍尔群岛的比基尼环礁上空。从此至 1958 年间，美军在马绍尔群岛总共进行了 67 次核武器爆炸试验，其中 23 次是在比基尼环礁进行的，包括 1952 年第一枚氢弹的爆炸试验。

基本资料

类型	核试验靶场
位置	马绍尔群岛的比基尼环礁
面积	36万平方千米
管理者	美国能源部
使用时期	1947—1962年

■ 试验表现

1946 年 7 月 25 日，美国在太平洋马绍尔群岛的比基尼环礁进行了首次水下原子弹爆炸试验。爆炸引起的巨大水浪立即淹没了几艘废弃的船只（上图）。1946 年 7 月 25 日，在美国军方"十字路口行动"的一次原子弹爆炸试验中，巨大的蘑菇云升起在马绍尔群岛的比基尼环礁上空。前景中的暗点是放置在爆炸现场附近的船只，以测试原子弹爆炸对舰队的影响（右图）。

▲ "十字路口行动"中的一次原子弹爆炸试验

知识链接 >>

经过多年的核试验,比基尼环礁核试验场爆炸的总当量达到了广岛原子弹爆炸当量的7000倍,这对比基尼环礁的地质、自然环境和附近居民的健康造成了严重的影响。比基尼环礁的和平、美丽的风景不复存在。也因此,马绍尔群岛遗址首个被列入《世界遗产名录》。

NEVADA UNDERGROUND NUCLEAR TEST SITE
内华达地下核试验场（美国）

■ 简要介绍

内华达地下核试验场位于美国内华达州首府拉斯维加斯西北约 150 千米处，1951—1963 年，这里为美国大气层内核试验场，也是美国唯一的地下核试验场。

■ 历史沿革

在美国内华达州首府拉斯维加斯西北约 150 千米处，与海拔千米的群山相连的，就是内华达沙漠。这里原为美国空军管辖地，同时又是能源部租用地。二战结束后，从 1951 年开始，美军选择这里作为进行大气层内核试验的场地。

1963 年，美、英、苏之间签署除了地下外禁止一切核试验（部分停止核试验）的条约后，这里成为美国唯一的地下核试验场。美国的核试验皆在能源部的管理下，由洛斯·阿拉莫斯和劳伦斯·利弗莫尔两个庞大的军事研究所进行开发和试验。承包管理业务的主要承包商是雷诺兹电气工程公司，它负责试验场的管理、基建、安全监测、地下核试验工程及各种后勤保障。1987 年后，这里每年还进行 10 余次地下核试验。

基本资料

类型	核武器试验场
位置	美国拉斯维加斯
面积	约0.35万平方千米
管理者	美国能源部
使用时期	1951年至今

■ 设施功能

内华达地下核试验场的主要任务是进行核武器试验，包括研制试验和效应试验。地下核试验以竖井或平洞方式进行。试验场有较强的钻探与挖掘工程力量，所挖竖井的最大直径可达 4 米，最大井深达 1500 多米。场内建有组装、检测和存放核爆炸装置的设施，并为核试验测试配备了 4500 余台自动化探测和记录仪器等先进设备。内华达地下核试验场除核试验之外，还设立过放射环境生物效应试验场、核火箭发动机试验场等。

知识链接 >>

20世纪80年代，内华达试验场的育卡山地区被确定为美国高放射性废物永久处置库的三个候选场址之一，并开展了相应的研究工作。从1992年美国暂停核试验后，根据能源部的指示，该试验场除进行与核武器有关的试验外，已开始承担其他任务，如危险化学品的溢出试验、核事故情况下的应急反应试验、常规武器试验以及废物管理和环境技术研究等。

▲ 核试验留下的巨大的弹坑（左图）；靠近试验场公路边上巨大的警示牌（右图）

MK 4

MK4 型核炸弹（美国）

■ 简要介绍

MK4 型核炸弹是美国于 1945 年开始研发的一款内爆型原子弹，以和 MK3 型核炸弹相同的基本核裂变为基础，但装有比 MK3-1 型更好的引信和点火电路，并使用与 MK3-0 型相同的基本电路。该核炸弹在工艺方面做了改进，在耐用性、可靠性、生产、现场操作以及储存等各方面都比之前有了很大提高。

■ 研制历程

1945 年年初，美国就在洛斯·阿拉莫斯实验室开始了 MK4 型核炸弹的研制工作。据史料记载，轰炸日本的"小男孩"和"胖子"在宝贵的可裂变材料利用率方面很差，极大地浪费了昂贵的稀有同位素。通过一些简单的改进，就可使内爆弹的效率得到相当程度的提高。

1945 年 10 月 4 日，科学家确定了 MK4 型核炸弹的研制日程表。到了年末，过去专用钚的内爆系统已发展成为使用钚和铀-235 的复合内爆弹芯，并于 12 月 14 日在阿尔伯克基西南的洛斯卢纳斯靶场进行了 MK4 原型弹的实际空投试验。之后又进行了各项部件的设计改进和安装，1949 年年初，终于完成了 MK4 型核炸弹的最后设计。

基本参数	
弹径	1.52米
弹长	3.25米
全重	4.9吨

■ 结构性能

MK4 型核炸弹与 MK3"胖子"尺寸相同，但重量增加了 0.4 吨（增重原因主要是更厚的高能炸药块）。二者明显的差异是 MK4 的设计更简约，主要部件包括外壳、内球（高能炸药球）、电子器件筒、电引信与点火系统、高能炸药雷管、高能炸药装置，以及核部件（弹芯、芯件、起爆器）。外壳为防潮湿用可膨胀型密封垫封闭所有开孔处。MK4 型核炸弹可装在 B-29 等轰炸机的弹舱内载。核炸弹只有一个吊耳，吊耳距头锥 1.14 米左右。

▲ MK4 型核炸弹

知识链接 >>

从 1949 年 3 月到 1951 年 5 月，美国共制造了约 550 枚 MK4 型核炸弹。部分 MK4 型核炸弹分别于 1951 年、1952 年和 1953 年在内华达试验场进行了核试验。在 1952 年 7 月到 1953 年 5 月，所有的 MK4 型核炸弹全部退役。

MK5型核炸弹（美国）

■ 简要介绍

MK5型核炸弹是美国于1948年开始研制的一种重量较轻的内爆型原子弹，1952年5月生产，至1955年4月约生产140枚，1963年全部退役。该弹虽然生产于核武器发展初期，但仍体现出了美军对于核炸弹研制的用心。它与"胖子"核炸弹相比弹径缩小、弹重减轻，但爆炸威力（TNT当量）却有了明显增加。

■ 研制历程

1948年1月初，美国空军和美国原子能委员会的代表们在华盛顿举行会议，讨论原子弹的发展和原子弹与运载飞机"结合"问题，以保证新型武器和新型飞机相适配。同年9月，洛斯·阿拉莫斯举行的会议上，美国空军、海军、兰德公司以及飞机工业部门工程师们讨论的结果是研制直径介于1米～1.2米、重量2.2吨～2.7吨的核炸弹，改善运载飞机的性能，爆炸当量不低于1500吨。

在小直径核炸弹的研制过程中，美国海、空军产生了矛盾。空军认为研制较小型武器只对长远有意义，海军却表示要由舰载战斗轰炸机投掷。最后直到1951年，美国的第一种小型化核炸弹才确定下来，编号为MK5，1952年投入生产。

基本参数

弹径	1.1米
弹长	3.35米
全重	1.44吨
TNT当量	6万吨～8万吨
装药类型	铀-235 / 钚-239

■ 作战性能

MK5作为美军首款小型核炸弹，于1952年正式装备，1963年退役，约生产了140枚。能够使用MK5型核战斗部的平台包括：B-29"超级空中堡垒"战略轰炸机、B-36"和平卫士"战略轰炸机、B-45A"龙卷风"轰炸机、B-47A / B / E"同温层"喷气战略轰炸机、B-50A / D"超级空中堡垒"战略轰炸机、A-3A / B"天空勇士"攻击机等。

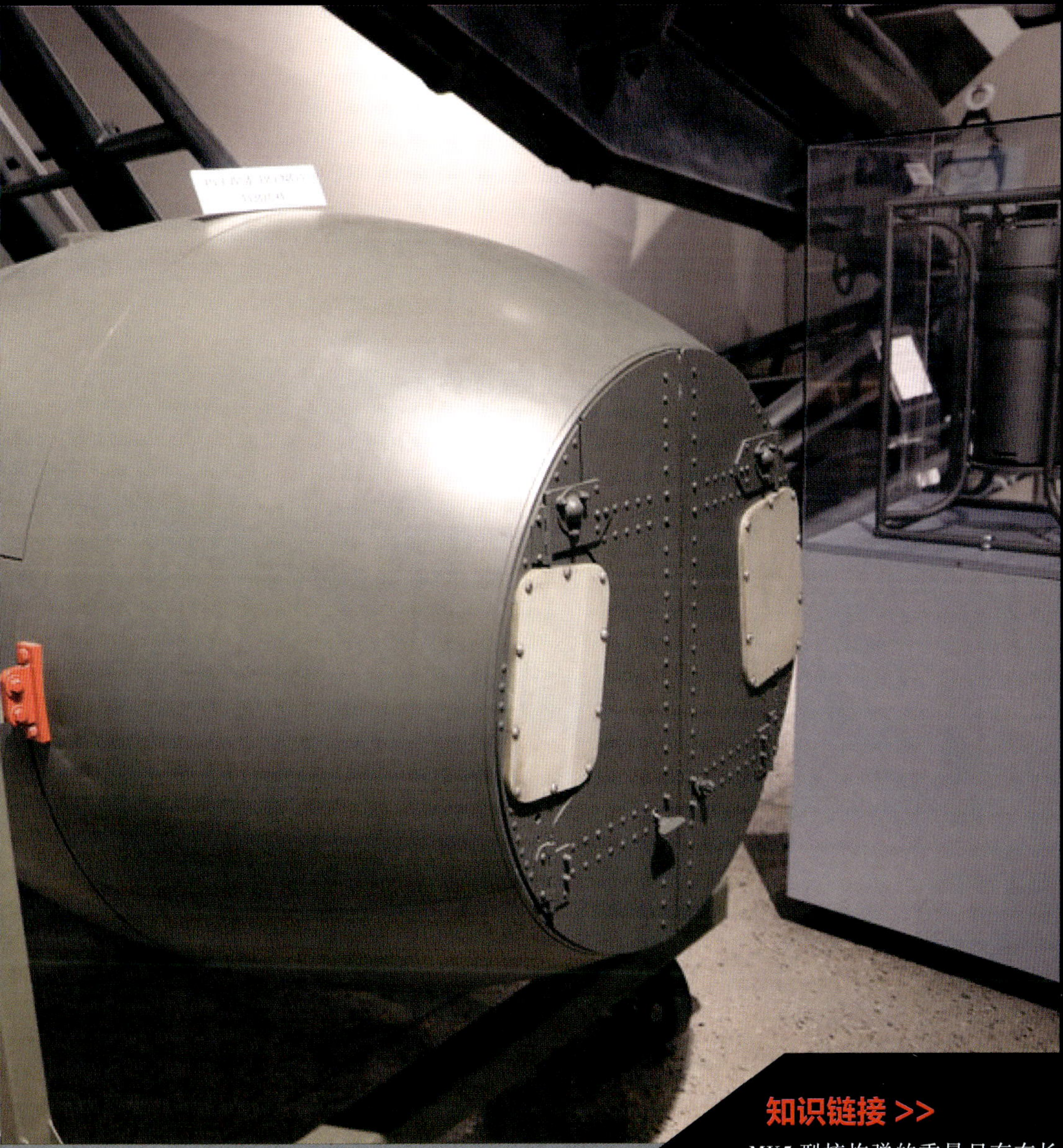

知识链接 >>

MK5型核炸弹的重量只有在长崎投下的"胖子"核炸弹重量的一半，但却有3倍于"胖子"核炸弹的爆炸威力。MK5型核战斗部还具备了自动飞行中插入核部件技术（AIFI），核战斗部通常与套管分离，只有在投掷前才被插入，安全性更高。

▲ MK5核炸弹内部结构

MK6-0 型核炸弹（美国）

■ 简要介绍

MK6-0 型核炸弹是美国原子能委员会（AEC）于 1950 年开始在 MK4N 核炸弹的基础上进行了改进后的第一种"标准 60 英寸直径战略武器"。这些改进使用轻量弹道外壳、轻量内球体；保险和引信系统使用同一套雷达、气压计、定时和触地碰撞引信与开关。1952 年 4 月—8 月，少量 MK6-0 型武器进入储备以供"紧急"使用；但到了下半年，作为一种过渡性产品，该型核炸弹便宣布退役。

■ 研制历程

1949 年年初，MK4 型核炸弹准备投产时，洛斯·阿拉莫斯国家实验室和桑迪亚公司都开始为大直径内爆弹研制轻量铝外壳。当时对新外壳的设计考虑了几种方案，其中有些方案设计核炸弹的重量大大低于原计算的 430 千克。同年夏季，诺斯罗普飞机公司和车辆与铸造公司同时开始进行两种外壳设计。1949 年 8 月末，空军对新外壳进行了试验以鉴定重量减少是否损害壳体的强度，结果表明新壳体并未损害武器的结构强度。

此后至 1951 年，在对轻量实战型的 MK4N 进行测试的同时，MK6 的基本型 MK6-0 也进行了相关测试。同年 5 月，桑迪亚公司批准 MK6-0 型设计交付生产；3 周之后，军事联络委员会请求把 MK4N 设计的各种改进项目用于 MK6-0 型。

基本参数	
弹径	1.52 米
弹长	3.25 米
全重	3.85 吨

■ 作战性能

MK6-0 型核炸弹作为美军第一种"标准 60 英寸直径战略武器"，其尺寸与 MK3 和 MK4 相同，但重量减轻了很多。同时在设计中，也排除了 MK4 重心位置不一致问题。该核炸弹的弹道特性也比 MK4 有所改进，既可空中引爆又可地面爆炸。

▲ MK6 型核炸弹与 B-29 轰炸机

知识链接 >>

美国原子能委员会是美国国会在二战以后立法设立的政府机构，目的是提倡、管理原子能在科学及科技上的和平用途。美国国会赋予该委员会特殊的独立职权：委员会可以自由任用专家学者，不适用一般文官体制的规定；为了安全考量，美国所有的核生产设备、核反应堆、相关技术资讯及研究结果都由该委员会掌控。

MK7型核炸弹（美国）

■ 简要介绍

MK7型核炸弹是美国洛斯·阿拉莫斯国家实验室研发的一种核炸弹，是美国第一种战术核武器，也是第一种装备美国三大军种的核炸弹。该核炸弹于1952年开始服役，1967年退役，总共生产了1700余枚，能无须弹舱装载而由战斗机外挂，使更小、更快的战斗机也具备了核能力。MK7型战术核炸弹还有深水核炸弹型。

■ 研制历程

1952年之前，MK2至MK4系列核炸弹由于重量超过4.5吨，因此只能由B-29、B-36、B-47之类的大型飞机携带。随后，美国于1951年在内华达州试验场进行了超小当量的核炸弹试爆，测试了创新方法，缩减了随后研制的核炸弹的尺寸，成功地让核炸弹的尺寸大为缩减，使核炸弹控制在1吨以下。

1952年，美国最终研制出了用于小型战斗机上和陆基的MK7战术核炸弹，其后又于1955年推出深水核炸弹，由此MK7成为第一种装备美国三大军种的核炸弹。

基本参数	
弹径	0.76米
全重	4.5吨
TNT当量	0.8吨~6.1万吨

■ 结构性能

像MK6型核炸弹一样，MK7型战术核炸弹采用了一种胶囊结构。凭借着可以伸缩的稳定翼，MK7能够被多种飞机使用，能无须弹舱装载而由战斗机外挂，使更小、更快的战斗机也具备了核能力；既可空中引爆又可实施地面爆炸；尤其可以布置于驱逐舰上，用于水下攻击。

知识链接 >>

MK7型战术核炸弹于1952年开始服役,能够使用该核炸弹的平台包括:B-45A"龙卷风"轰炸机、B-57B"夜间入侵者"轰炸机、F-84E/F/G"雷电"战斗机、B-100D/F"超级佩刀"战斗机、F-101A"巫毒"战斗机、AD-4B"空中袭击者"式攻击机、AJ"野人"舰载攻击机、A-2"野人"舰载攻击机、A3D-1"天空勇士"攻击机、A-3A"天空勇士"攻击机、A4D-2/5"天鹰"式攻击机等。

▲ A-4B 攻击机挂载 MK7 型战术核炸弹

MK 8

MK8 型核炸弹（美国）

■ 简要介绍

　　MK8 型核炸弹是美国洛斯·阿拉莫斯国家实验室研发的第一种触发碰撞并钻入地下或水下后爆炸的原子弹，发展自"小男孩"原子弹。为了执行钻地／深水攻击任务，此种核炸弹没有采用空爆方式，而是采用了延时装置。MK8 型核炸弹从 1951 年 11 月—1953 年 5 月一共生产了 40 枚，于 1957 年 6 月全部退役，接替者是 MK11 型核炸弹。

■ 研制历程

　　1948 年，美军想摧毁敌人的地下工厂和实验室，但却不想对地面目标造成过大的破坏。由于用普通炸弹难以实现这样的需求，专家们便把目光瞄向了能够钻地的弹头。

　　于是，美国洛斯·阿拉莫斯国家实验室转而在"小男孩"核炸弹的基础上，开始研制一种改进型核炸弹，主要用于攻击桥梁、防御工事、机场、地下指挥所等目标，另外也仿效英国以及之后各国的深水炸弹，使其具备水下攻击能力。1951 年改进型核炸弹研制成功，命名为 MK8。

基本参数	
弹径	0.37 米
弹长	2.95 米
全重	1.44 吨
装药类型	铀-235
TNT 当量	1.5 万吨~2 万吨

■ 作战性能

　　MK8 型核炸弹最突出的性能在于其可以钻地／深水爆炸。普通的炸弹一触地就会爆炸，但钻地弹却有自己的绝招：当它打到地面时，不会立即爆炸，而是继续向下钻，当钻到一定深度后，才发生爆炸，从而将地下深处的目标摧毁。MK8 在爆炸前能穿透 6.7 米厚的钢筋混凝土、28 米厚的硬砂岩、36 米厚的土壤。

▲ MK8 型钻地 / 深水核炸弹

知识链接 >>

能够使用 MK8 的平台包括：B-45A "龙卷风" 轰炸机、AD-4B "空中袭击者" 式攻击机、AJ "野人" 舰载攻击机、A-2 "野人" 舰载攻击机、A3D-1 "天空勇士" 攻击机、A-3A "天空勇士" 攻击机、A4D-2 / 5 "天鹰" 式攻击机、A-4B / C / E / J / M "天鹰" 式攻击机等。

MK12 型核炸弹（美国）

■ 简要介绍

MK12 型核炸弹是美国洛斯·阿拉莫斯国家实验室于 1954 年开始研发的第一种使用铍反射层的核武器。该弹采用 92 点起爆系统，能够定时或者接触起爆。MK12 于 1954—1962 年服役，总共生产了 250 枚。

■ 研制历程

1949 年，苏联首次核武器试爆成功打破了美国的核垄断，促使美国政府决定加速发展核武器并扩大核武库，增加核弹头品种。

1951 年春，美国首次采用助爆原理研制的核装置爆炸试验获得成功。之后洛斯·阿拉莫斯国家实验室计划以此技术开始研发 MK10 型核炸弹。它主要是在 MK8 型的基础上减重并缩小尺寸，但却并不是钻地型核战斗部，而是一种空爆型核战斗部，爆炸当量为 1.2 万吨～1.5 万吨。

但到了 1953 年后，使用铍反射层的 92 点起爆系统有了最新的进展，于是进行了许多种改进性设计，发展出 MK12 型战术核炸弹，而 MK10 项目因此被取消。1954 年，MK12 型"布鲁克"战术核炸弹获准投入生产，共有 0 型、1 型和 2 型，3 种型号。

基本参数	
弹径	0.56 米
弹长	3.43 米
全重	0.54 吨
装药类型	铀-235
TNT当量	1万吨~2万吨

■ 结构性能

MK12 型"布鲁克"战术核炸弹是第一种使用铍反射层的核武器。铍作为反射层，可以把瞬间发生的中子反射击回去，使它充分发挥作用。同时，一个高能中子打中铍核后，会产生一个以上的中子，称为铍的中子增殖效应。这种铍反射层能使中子弹体积大为缩小，因而可使中子弹做得很小。同时，"布鲁克"核炸弹采用了新式的 92 点起爆系统，能够定时或者接触起爆，这在核武器发展史上是一个很大的进步。

▲ 美军 FJ-4 携带的 MK12 型核炸弹

知识链接 >>

能够使用 MK12 型核炸弹的平台包括：F-86F / H "佩刀" 战斗机、AD-7 "天空袭击者" 攻击机、A-1J "天空袭击者" 攻击机、AJ "野人" 舰载攻击机、A-2 "野人" 舰载攻击机、A3D-1 "天空勇士" 攻击机、A-3A "天空勇士" 攻击机、A4D-2 / 5 "天鹰" 式攻击机、A-4B / C / E / J / M "天鹰" 式攻击机、FJ-4B "狂怒" 战斗机、AF-1E "狂怒" 战斗机、F2H-2B "女妖" 式战斗机等。

地位，于1950年在一片争议中下令制造氢弹，并于1952年在利弗莫尔成立了以泰勒为首的第二个核武器实验室，先后生产出了普通核炸弹所需要的钚和氢弹所需要的氚、氘；成功研制出了新型"高速电子数字计算机"，解决了热核炸弹的特殊数学问题；研制出的第一枚氢弹是以液态氘作为燃料的"湿式"氢弹——"麦克"。

美国几乎与苏联同期找到了一种理想的热核燃料——氘化锂，最终推出了"干式"氢弹，也是第一种采用固体热核燃料的核武器，命名为MK14 / TX14型核炸弹。

基本参数	
全重	13吨~14吨
装药类型	95%的氘化锂-6
TNT当量	500万吨~700万吨

■ 作战性能

MK14 / TX14型核炸弹使用的核填料中有最轻的金属元素锂-6，它在中子的轰击下分裂为氦核和氚核，氚核和氘核又在超高温下发生聚变反应，产生氦核和中子，并释放出大量能量。而锂-6的分裂反应所需的中子可从氘氚聚变反应中获得；氚与氘的热核反应在极短时间内使温度进一步提高。因此，在反应释放的总能量中，裂变、聚变各占一半左右，加之使用了铀-238，不仅提高了爆炸威力，也降低了成本。

▲ MK14 / TX14 型核炸弹

知识链接 >>

锂共有 7 个同位素，其中有 2 个是稳定的，分别是锂-6 和锂-7。锂-6 捕捉低速中子能力很强，可以用来控制铀反应堆中核反应发生的速度，同时还可以防辐射和延长核导弹的使用寿命。

MK17/EC17 型核炸弹（美国）

■ 简要介绍

MK17/EC17 型核炸弹是美国洛斯·阿拉莫斯国家实验室研发的最重的一种美国热核武器（重达 21 吨），也是美国空军第一个服役的氢弹，其威力最高可达 1500 万吨 TNT 当量。1954 年 7 月—1955 年 11 月生产，1956 年 11 月—1957 年 8 月间退役，总共生产了 200 枚。EC17 是 MK17 的所谓"应急能力型"，共生产了 5 枚。MK17 的诞生，反映出氢弹发展的两个主要方向：当量可调和小型化；提高武器的空防能力、生存能力和安全性能。

■ 研制历程

MK14 是美国首种"干式"氢弹，也是第一种采用固体热核燃料的核武器。美军在试验后，充分认识到这种核武器的巨大能力，加之苏联也找到了氘化锂这种理想的热核燃料，于是美军加紧研发，计划使其能达到轻量型并装备于空军部队中。

1954 年 4 月，洛斯·阿拉莫斯国家实验室首先推出了所谓"应急能力型"的 EC17；7 月正式生产 MK17 型核炸弹。同年 10 月，美军让 MK14 开始退役，其中一些被回收用于制造 MK17。

基本参数	
弹径	1.56 米
弹长	6 米
全重	21 吨
TNT 当量	1000 万吨~1500 万吨

■ 结构性能

MK17 / EC17 在氘锂核聚变材料中采用天然锂中含量为 7.5% 的锂 -6。锂 -6 的原子核里有 3 个质子和 3 个中子，当其受中子轰击后，分裂成氦核和氚核，同时可释放出巨大的能量。因此锂 -6 和氘的化合物——氘化锂作为热核燃料时，它是固体，并不需要冷却来进行压缩，成为体积小、重量轻的"干式"氢弹，便于运载，从而成为一种实用化的核武器。

知识链接 >>

MK17型核炸弹使用平台是改装过的B-36"和平卫士"战略轰炸机。EC17型核炸弹在1954年4月被推出。

▲ MK17 / EC17 型核炸弹

MK28/B28 型核炸弹（美国）

■ 简要介绍

MK28/B28 型核炸弹是美国洛斯·阿拉莫斯国家实验室于 20 世纪五六十年代研制的多用途战术和战略热核炸弹系列产品，也是美国军队中服役时间最长的核武器，从而自 MK 编号跨越到了 B 编号。该型核炸弹在美国核武器中生产数量排在第二位，并且由于采用了积木式结构，可以进行多种配置，并形成了包括 20 个型号的系列产品。

■ 研制历程

1968 年以前，美国核炸弹采用 MK 编号，1968 年以后改用 B 编号，其间有许多核炸弹由于服役时间长而跨越了这种编号，比如 MK28/B28 就是其中一例。

作为曾经垄断了核武器多年的军事强国，美国一直在努力为空军发展多种航载核炸弹。到 1958 年，已有 MK18 至 MK27 等多种原子弹、氢弹研制成功，并且引爆系统和搭载手段也越来越成熟。于是洛斯·阿拉莫斯国家实验室开始研制一种多用途战术和战略热核炸弹的系列产品，计划采用积木式结构，从而可以进行多种配置，这就是 MK28。1968 年，美国对核武器重新编号，MK28 也从此改为 B28，共有 20 个型号。

基本参数	
弹径	0.5 米
弹长	0.43 米
全重	0.93 吨
引信装置	主动雷达引信

■ 实战表现

MK28/B28 型核炸弹于 1958 年 1 月开始生产，可以进行多种配置（如 B28EX、B28RE、B28IN、B28RI、B28FI），包括 20 个型号的产品，其中型号 MK28-1 Y4 是一种战术核裂变炸弹。该系列核炸弹一直服役到 1991 年，服役时间长达 33 年，因此是美国军队中服役时间最长的核武器；总共生产了 4500 枚，也是美国核武器中生产数量排在第二位的型号。

▲ MK28 / B28 型核炸弹

知识链接 >>

1966年1月15日，在西班牙沿海的比利亚里科斯村和帕利马雷斯村的上空进行空中加油训练的美国空中B-52轰炸机和KC-135空中加油机相撞起火，B-52飞行员掷下了机上4枚上了保险的MK28型氢弹。很快，其中3枚被找到。美军3000余人竭尽全力搜寻第四枚将近3个月，花费了近2000万英镑，最终在同年4月7日将这枚核炸弹从近800米深的海底打捞出来。

MK36 型核炸弹（美国）

■ 简要介绍

MK36 型核炸弹是美国洛斯·阿拉莫斯国家实验室研发的一种两级热核炸弹，其中的 MK36-1 Y1、MK36-2 Y1 是所谓"肮脏核武器"，而 MK36-1 Y2、MK36-2 Y2 则是所谓"干净核武器"。

■ 研制历程

1955 年，洛斯·阿拉莫斯国家实验室研制出一种 MK21 核炸弹，作为"应急能力"项目的一部分，它实际是一种核材料中含 95% 浓度锂 -6 的热核炸弹。尽管 3 种型号的 MK21 型核战斗部都是所谓"肮脏"氢弹，但是该型核战斗部中的所谓"干净"氢弹型号也进行过测试，不过没有被部署过。

MK21 型核战斗部的生产从 1955 年 12 月—1956 年 7 月间进行，总共生产了 275 枚，之后，实验室就在 MK21 的基础上进一步发展，研发出一种两级热核炸弹，即 MK36 型，共有 1、2 两种型号和 Y1、Y2 两种版本。1957 年，MK21 型核战斗部退役，被改造为 MK36Y1 型。

基本参数	
全重	7.9吨~8吨
TNT当量	900万吨~1000万吨

■ 实战表现

MK36 型核炸弹的生产工作从 1956 年 4 月开始，到 1958 年 6 月结束。1961 年 8 月—1962 年 1 月，MK36 退役。MK36 型核炸弹总共生产了 940 枚。该弹配有降落伞，可使用的平台包括：B-36"和平卫士"战略轰炸机、B-47B/E"同温层"喷气战略轰炸机、B-52"同温层堡垒"战略轰炸机。

▲ MK36 型核炸弹

知识链接 >>

"肮脏"的氢弹,即"FFF"(裂变—聚变—裂变)三相效应氢弹,由于在热核材料的外面加了一层铀–238制成的外壳,爆炸后放射性裂变产物大量产生,会有特别严重的污染危害,因此被称为"肮脏"的氢弹。而"干净"的氢弹,即为中子弹,在核反应时释放出能量高、穿透力强、杀伤范围大的中子流能量。这种杀伤力主要作用于人体,对建筑物及军用武器装备的损害比较轻,而且基本上没有放射性污染。

MK41/B41 型核炸弹（美国）

■ 简要介绍

MK41/B41 型核炸弹是美国劳伦斯·利弗莫尔国家实验室研发的一种三级热核炸弹，也是美国实际部署的最大当量的核武器，有着美国核武器项目中最高的当量/重量比。其中 MK41Y1 是一种采用铀-238 包裹第三级的"肮脏型"核炸弹，MK41Y2 则是用铅包裹第三级的"干净型"核炸弹，两种子型号据称采用同样的第二级。使用该型核炸弹的平台包括：B-47B/E "同温层"喷气战略轰炸机、B-52 "同温层堡垒"战略轰炸机。

■ 研制历程

1955 年，美国空军提出了 B 级（4.5 吨）高产热核武器的要求。1956 年劳伦斯·利弗莫尔国家实验室开始进行三级热核炸弹的设计研制与测试。1958 年，其被命名为 MK41 型，共有 MK41Y1 和 MK41Y2 两种子型号。

MK41 型核炸弹的生产从 1960 年 9 月持续到 1962 年 6 月。MK41 型核炸弹于 1963 年 11 月—1976 年 7 月间退役，总共生产了 500 枚。

基本参数	
全重	4.7 吨~4.8 吨
TNT 当量	2500 万吨

■ 实战表现

1956 年 5 月 27 日下午 17 点 56 分，美国方面在比基尼环礁进行的"红翼"（Redwing）试验中成功测试了一个三级结构的 MK41 原型核装置，即所谓的"干净"型号。

知识链接 >>

劳伦斯·利弗莫尔国家实验室建立于1952年，最早是劳伦斯·伯克利国家实验室设在加州旧金山湾区利弗莫尔的分支实验室，由加州大学伯克利分校物理学教授欧内斯特·劳伦斯（诺贝尔奖得主）、爱德华·泰勒（氢弹之父）共同建立。实验室早期由加州大学全权负责运行，2007年后改由劳伦斯·利弗莫尔国家安全机构负责运行，主要负责研发包括核武器在内的美国国防科技武器。

▲ MK41／B41型核炸弹

MK53/B53

MK53/B53 型核炸弹（美国）

■ 简要介绍

MK53/B53 型核炸弹是美国洛斯·阿拉莫斯国家实验室研制的一种两级辐射爆聚热核武器，也是史上最悠久、产量最高的美国武器库中的核武器之一，它有 B53Y1 和 B53Y2 两种型号，被部署在 B-47、B-52 和 B-58 轰炸机上。该武器约有 900 万吨的爆炸威力，1997 年退役于美国空军。

■ 研制历程

相对于原子弹，利用核聚变原理制造的热核武器——氢弹，它的一个最大优势在于爆炸当量更大。1959 年，美国洛斯·阿拉莫斯国家实验室宣布 MK53 氢弹研制成功。

1961 年 10 月 30 日，苏联用图-95 轰炸机投放了迄今为止当量最大的核炸弹，爆炸当量达到惊人的 5000 万吨。据称，苏联阿尔扎马斯-16 实验室还研制过爆炸当量为 10 亿吨的氢弹。

在此情况下，洛斯·阿拉莫斯实验室又对 MK53 进行了两级辐射爆聚热改良，于 1961 年投入生产，1968 年后则称为 B53，并衍生出 B53Y1 和 B53Y2 两种版本。

基本参数	
全重	4.03 吨
TNT 当量	900 万吨

■ 爆炸性能

MK53/B53 型核炸弹是使用高浓缩铀和 95% 富集锂-6 氘聚变燃料的两级内爆武器。采用塞克洛托或者 B 炸药（环三次甲基三硝基胺/TNT 混合物）。MK53/B53 型核炸弹被设计为使用 5 个降落伞空投。

知识链接 >>

MK53 / B53 型核炸弹的生产工作于 1962 年 8 月持续到 1965 年。1967 年 7 月起,其早期型号开始退役。1997 年,最后 50 枚退役(但是处于永久保存状态)。该型核炸弹总共生产了 350 枚。MK53 / B53 型核炸弹服役 30 多年来,一直是美国核战争姿态的代表,在美国的核威慑战略中扮演了重要角色。

▲ MK53 / B53 型核炸弹

MK 系列核炮弹（美国）

■ 简要介绍

MK 系列核炮弹包括弹径 280 毫米的 MK9 / MK19 核炮弹、弹径 406 毫米的 MK23 核炮弹（也包括后来的 MK32 / 33 / 48）。其中 MK9 核炮弹是美国研制的第一种核炮弹，其改进型为 MK19 核炮弹；MK23 核炮弹配备于美国海岸炮兵部队。核炮弹是核炸弹诞生至核导弹时代过渡的产物，因此很快便退出历史舞台。

■ 研制历程

1950 年年初，美国人开始研制用火炮来发射的核炮弹，最初研制成功的是适用于 280 毫米口径火炮的核炮弹，称为"280 毫米 A 型炮"，绰号"原子安妮"或"冷战魔炮"，正式编号为 MK9，并于 1951 年开始部署于军队，共生产 80 发。

1953 年 5 月 25 日，在美国内华达州进行了原子炮的第一次射击试验。小型蘑菇云的腾起，昭示着一种新型战术核武器已经诞生。

1955 年，又推出了改进型的 MK19，核炮弹逐步小型化。与此同时，美国海军从 1953 年就开始研制用于依阿华级战列舰上 406 毫米火炮的核炮弹，1956 年开始列装，并命名为"MK23 / W23"核炮弹。

基本参数（MK9）

弹径	0.28 米
弹长	1.38 米
全重	0.36 吨
装药类型	铀-235
TNT当量	1.5 万吨

■ 性能使用

MK9、MK19 和 MK23 核炮弹均为内爆式核弹头，可用陆军火炮或舰载火炮发射。核炮弹试射成功后，很快就被运到冷战的最前线——莱茵河地区。280 毫米原子炮一直使用到 1963 年。随着核炮弹从 MK9 改进到 MK19 / W19 而逐步小型化，这种 280 毫米的原子大炮也作为预备兵器被封存起来。

知识链接 >>

MK23是美国海军开发的一款为舰炮所使用的炮弹。这款炮弹的弹头是一枚1.5万吨～2万吨当量的核炸弹,适用于美国海军4艘依阿华级战列舰装备的9门舰炮。外观上看,MK23是用标准的1900磅(约0.86吨)炮弹作为载体的,这种炮弹分为MK13和MK14两种,其中MK14装了VT无线电引信,曾被用于太平洋战争。

▲ 核炮弹实物

MK45型核鱼雷（美国）

■ 简要介绍

MK45型核鱼雷是美国西屋公司于1956年开始为海军潜艇专门研制的水下攻击性反潜核武器，也是美国海军装备的第一种核鱼雷。由于携带核战斗部，因此爆炸威力非常惊人，主要用于攻击敌方高速、深水潜艇目标甚至航母战斗群等大型舰艇及编队。由于采用有线制导，限制了MK45型核鱼雷的射程（射程取决于线的长度），也易暴露自身，发射的核鱼雷爆炸后，对手很容易探测到己方位置。因此，1972年起该型核鱼雷逐步被MK48自导鱼雷取代，1977年后全部MK45型核鱼雷都被替换为常规自导鱼雷。

■ 研制历程

1955年，美军根据情报得知苏联正在建设一支庞大的潜艇部队，这对北约的海上商船构成了严重威胁。1956年，美国海军决定研制核鱼雷"阿斯特"，即MK45型核鱼雷，承包商为西屋公司。

1960年夏，为MK45型核鱼雷配套的W34核弹头研制成功，所有的研发工作全部完成。1961年正式投入生产，1963年开始入美国海军服役，装备于"洛杉矶"级核攻击潜艇等。到1976年，MK45型核鱼雷共生产了约600枚。

基本参数	
弹径	0.48米
弹长	5.76米
全重	1.1吨
TNT当量	1.1万吨
射程	9千米~15千米

■ 作战性能

MK45型核鱼雷由雷头、雷身和雷尾组成。雷头装有W34核炸药的战斗部；雷身装有动力装置、制导系统和控制系统；雷尾装有发动机、推进器和操纵舵。为了提高核战斗部的安全性，MK45型核鱼雷采用了线控引爆方式，而且由于采用有线制导方式，该型核鱼雷本身没有搜寻的能力，制导和对目标的跟踪任务都由发射潜艇来负责。

▲ MK45 型核鱼雷

知识链接 >>

美国第一款核鱼雷 MK45 使用了 W34 型核战斗部，爆炸威力 1.1 万吨 TNT 当量。这款核鱼雷直径 482 毫米，射程 11 海里～15 海里，由于使用了核战斗部，杀伤范围更大，达到 11 千米。

MK57/B57

MK57/B57 型核炸弹（美国）

■ 简要介绍

MK57 / B57 型核炸弹是美国洛斯·阿拉莫斯国家实验室根据桑迪亚国家研究所 1957 年年底为满足美国海军的要求，而于 1960 年开始研制的一种模块化轻型多用途战术攻击核炸弹 / 核深水炸弹。生产工作从 1963 年 1 月持续到 1967 年 5 月，早期型号从 1975 年 6 月开始退役，1993 年 6 月最终全部退出现役，总共生产了 3100 枚。该弹主要用于打击对军事行动有直接影响的重要目标，如导弹发射阵地、指挥所、集结的部队、飞机、舰船、野战工事、港口、机场、铁路枢纽、重要桥梁和仓库等战术目标。

■ 研制历程

1957 年年底，美国国防部和原子能委员会根据美国海、空军的要求，让桑迪亚国家研究所提交研制轻型、低威力战术原子弹的可行性报告，并于 1960 年交付洛斯·阿拉莫斯国家实验室研制。具体要求是研制一种轻型多用途战术攻击核炸弹 / 核深水炸弹，采用模块化设计。

洛斯·阿拉莫斯国家实验室经过几年的设计、试验，于 1963 年研制出 MK57 型并投入生产，之后改称 B57 型，有 0 型至 5 型及深水核炸弹共 7 种子型号。

基本参数	
弹径	0.38 米
弹长	3.02 米
全重	0.23 吨
装药类型	铀-235
TNT 当量	0.5 万吨 ~2 万吨

■ 作战性能

MK57 / B57 型核炸弹采用模块化弹体结构，具有流线型弹体、尖锥形头部和一个带 4 片后掠稳定尾翼的锥形尾部装置。其实际威力最高可达 2 万吨 TNT 当量，具备高度精准性和可控制性，既可由轰炸机、舰载机投掷，也能车载、陆地进行固定或机动发射，并可在深水中爆炸，能够执行战术和战略双重打击任务。

> **知识链接 >>**
>
> 能够使用 MK57 / B57 型多用途战术攻击核炸弹的平台包括：B-52"同温层堡垒"战略轰炸机、F-104C / G"星战士"战斗机、F / FB-111"土豚"战斗轰炸机、A3D-2"天空勇士"攻击机等。

▲ MK57 / B57 型核炸弹

AIR-2A / AIR-2B(MB-1)

AIR-2A/AIR-2B（MB-1）型空空核火箭弹（美国）

■ 简要介绍

MB-1 型空空核火箭弹由美国道格拉斯公司于 1955 年开始研制，后来其生产型定名为 AIR-2A 型，官方将其与换装发动机的 AIR-2B 两个型号认定为一个型号。其主要特点是飞行速度短并且没有制导系统，因此被攻击者往往来不及反应。

■ 研制历程

1955 年，道格拉斯公司开始了编号为 MB-1 的无制导空空核火箭弹的全面研制工作，其绰号为"妖怪"。1956 年，MB-1 进行了首次发射试验；1957 年，一架 F-89 飞机从 6096 米高空发射该型火箭弹，其 W25 核战斗部在空中预定位置解除保险起爆，爆炸威力约 0.2 万吨 TNT 当量。

1962 年，MB-1 正式生产并被赋予了全新的编号——AIR-2A"妖怪"，1963 年年底，道格拉斯公司大约生产了 3150 个弹体。那时，道格拉斯公司曾打算研制 AIR-2B"超妖怪"，但后来放弃了。

1965 年，THIOKOL 公司开始生产新型固体发动机，这种发动机的生产一直持续到 1978 年。因此道格拉斯公司于 20 世纪 70 年代中期将大部分 AIR-2A 换装了新发动机，顺势将这种火箭弹的编号改为 AIR-2B"超妖怪"。此后还有衍生型号 AIR-2L（常规训练型）和 AIR-2N（训练型）。

基本参数

弹径	0.44 米
弹长	2.95 米
全重	0.38 吨
射程	9.65 千米

■ 实战表现

AIR-2A / AIR-2B（MB-1）型空空核火箭弹的外形是普通的圆柱体，头部因装有 W25 核弹头而略粗于弹体，火箭弹只有尾部起稳定作用的尾翼，尾翼可以收缩。该火箭弹的飞行时间短（少于 12 秒），使敌方的大型轰炸机甚至来不及做机动；采用了无制导系统，因此不怕干扰。其战斗部为 TNT 当量 2000 吨的核炸弹，因此杀伤半径可达 300 多米。

知识链接 >>

1959年，美国军方为了展示其核威慑能力，曾打算在月球上投放一枚小型W25核弹头，让全世界尤其是苏联人看到。万幸的是这项疯狂计划没有实施，否则可能如今我们已经看不到美丽的月亮了！

▲ AIR-2B（MB-1）型空空核火箭弹

B61-12 型核炸弹（美国）

■ 简要介绍

B61-12 型核炸弹是美国于 2017 年通过核武器现代化改造计划，整合现役的 B61-3、B61-4、B61-7 和 B61-10 四种核炸弹后，发展出的一种新的核炸弹。虽然 B61-12 的体积、重量大为减少，并非美国军火库中最强大的核炸弹，但其配有 GPS 定位系统，具有令人难以置信的精准度，从而成为世界上最危险的武器之一。

■ 研制历程

20 世纪 80 年代，美国要求核研究所研制一种主要用来打击苏联境内隐藏在地下深处的指挥所的核武器。为此，美国一家洲际导弹研究所开始就 B61-7 型核炸弹改装为钻地型核炸弹问题进行可行性研究。他们根据以往的地下核试验数据和计算机模拟，经过长达 10 余年的不断努力，终于在 21 世纪初将这枚钻地核炸弹研制成功，它就是 B61-11 核炸弹。

在此基础上，2010 年开始，美国政府又斥资 240 亿美元升级 B61 系列产品，整合了现役的 B61-3、B61-4、B61-7 和 B61-10 四种核炸弹后，于 2017 年发展出一种新的核炸弹，即 B61-12。

基本参数	
弹径	0.3米
弹长	3.6米
全重	0.55吨

■ 作战性能

B61-12 型核炸弹体积、重量大为减小，采用了"GPS+惯导"复合制导方式，并增加了射程，具备了一定的防区外打击能力。其爆炸威力可在 0.03 万吨～5 万吨 TNT 当量之间调整，具备穿透数米厚钢筋混凝土的能力，还能用 F-22 和 F-35 等战斗机投掷，具有当量可调、打击精确、可以钻地等优点。

知识链接 >>

B61-12虽然造价昂贵，但作为美国核武器现代化的核心项目和B61系列核炸弹的延寿型，并且也是美国首个"导引型"核炸弹和"智能型"核炸弹，其比以往所有核武器更具危险性，很可能被用于未来战争之中。

▲ B61-12型核炸弹

M-388

M-388 型核火箭筒（美国）

■ 简要介绍

M-388 型核火箭筒是美国于 20 世纪 50 年代中期研制的世界上最小的核武器之一，是一款杀伤力超强的单兵神器。它使用 W54 核弹头，可选择 10 吨或 20 吨 TNT 当量的模式，并能用于 120 毫米的 M28 和 155 毫米的 M29 两种口径的发射器。

■ 研制历程

二战结束后，世界进入了冷战时期。随着阵地战逐渐退出现代战场的舞台，如何加强单兵作战的能力，便成为世界各国一个非常重要的热门议题。美国军方深信不久之后就会在月球上建立起美军的军事基地，美国士兵也迟早有一天将在月球上与苏联开展"月面战争"。太空作战与地面作战有很大不同，对此，美国首先尝试为"太空斗士"们研制出零重力环境下的武器装备，这就是早期的"地平线计划"。在这一疯狂计划指导下，美军相继制订了多个关于研制特殊武器的方案，其中就包括利用 W54 核弹头打造一种杀伤力超强的单兵"神器"，即 M-388 型核火箭筒的方案。

基本参数	
弹长	约1米
战斗部重	0.023吨
射程	2千米~4千米

■ 实战表现

M-388 型核火箭筒使用 W54 核弹头，可选择 10 吨或 20 吨 TNT 当量的模式；可使用两种发射器：120 毫米的 M28 和 155 毫米的 M29。因为该武器的杀伤范围（辐射、热能、冲击波、碎片等）大于它的射程，若没有合适的防御掩体，M-388 的发射组员也不太可能在发射出一枚火箭弹后存活。

知识链接 >>

从 1956 年开始，美国共制造了 2100 个 M-388 核火箭筒，在 1961—1971 年间装备美国陆军。它不仅是冷战时期美国研制出的威力最大的一款单兵装备，而且也因其对自身（发射组员）的危害而被称为"20 世纪最愚蠢的武器"之一。

▲ M-388 型核火箭筒

ADM MOUNTAINS
ADM "山脉"战术核地雷（美国）

■ 简要介绍

ADM "山脉"战术核地雷是美国20世纪60年代研制的一种便于携带和布置的战术级别的核武器，按战术目的的不同，可以达到0.1万吨~1.5万吨TNT当量的核爆炸威力。后来因为军事科技的进步，这些核地雷慢慢被其他武器取代，最终于1989年几乎全部退役。

■ 研制历程

地雷是一种物美价廉、"阴险毒辣"的武器，自古便得到运用。到了现代战争中，地雷更出现了多种型号，按照针对目标的不同，可以分为反步兵地雷、反坦克地雷、反低空直升机地雷等。

美国研制出原子弹不久后，为对付大规模的地面装甲集群目标，便设想将这种超高能炸药运用于地雷，通过爆炸时造成地形变化和放射性污染来阻碍敌军的行动，尤其是装甲部队的推进，另外也能用于其他的类似战术目的。

最终，这种匪夷所思的地雷被美国人首先研制出来了，命名为ADM "原子破坏弹"，代号"山脉"，并且先后出现了多种型号，形成了一个系列。

基本参数	
长度	0.91米
直径	0.38米
全重	0.045吨~0.18吨
TNT当量	0.1万吨~1.5万吨

■ 实战表现

ADM "山脉"战术核地雷重量较轻，拆分之后一个班就可以搬运，所以，其保管、运输和安放都比较简便。在预先有准备的条件下，一般10分钟之内，便可设置好一枚"山脉"核地雷。这种地雷具有比普通地雷高出几十、上百倍的爆炸威力，能够有效对付大规模的地面装甲集群目标，可以通过爆炸时造成地形变化和放射性污染来阻碍敌军的行动。

知识链接 >>

核地雷是指以核材料为装料的地雷，亦称原子爆破装置，属于战术武器的一种。核地雷是将地雷中的常规装药更换为核装药，在地雷的构造上和一般地雷没有太大的区别。这种地雷主要用于对付地面集群目标，尤其是装甲集群目标；有时也用来破坏敌后方的潜在军事目标，如机场、指挥所等。

▲ ADM "山脉" 战术核地雷分解

MK1 BOAR

MK1"野猪"核火箭弹（美国）

■ 简要介绍

"野猪"核火箭弹的正式编号为MK1-0，是美国海军兵器测试站于20世纪50年代中期研制的一种简单的核火箭弹。这种核火箭弹被简称为"野猪"（轰炸机火箭弹，有时也被称为军械局原子火箭弹），1955年获准进入生产，1956年开始服役，一直到1963年才退役。

■ 研制历程

为了提供一种合适的防区外武器，1952年，美国海军兵器测试站（NOTS）开始发展一种简单的核火箭弹，这种核火箭弹被简称为"野猪"（BOAR），美国军方编号为MK1-0。1953年6月，"野猪"进行了首次飞行测试，1955年获准投入生产。

MK1"野猪"核火箭弹于1956年开始入美军服役，主要使用平台是"天空袭击者"式攻击机。最初，美军原本只打算将"野猪"作为一种临时武器使用几年，以待更先进的战术导弹研制成功，但由于美国海军从未研制其他的核空对面防区外导弹，"野猪"一直服役到了1963年，总共生产了225枚。

▲ MK1"野猪"核火箭弹

■ 作战性能

MK1"野猪"核火箭弹装备一台固体火箭发动机，其战斗部为爆炸威力为2万吨TNT当量的W7型。在使用该核火箭弹时，载机转入急剧爬升状态（为了达到火箭弹的最大射程）投出火箭弹，然后发动机很快启动，能够使其飞行更为稳定，打击更为精确，并且发挥出最大的杀伤威力。该火箭弹的最大射程约12千米。

▲ AD-7 攻击机挂载 MK1 "野猪"核火箭弹

知识链接 >>

美国核武器的序列号通常由基础编号和前缀来表示种类。XW 表示战斗部在发展和测试中；W 表示发展型核战斗部；MK 表示基础核战斗部／核炸弹（到 1968 年为止）；B 表示核炸弹（1968 年以后）；TX 表示测试实验型核战斗部（包括原型核战斗部或核炸弹）；EC 表示应急生产型核战斗部（有限生产的原型核战斗部）；S 表示核炮弹战斗部（很少用，多用 W 代替）。

NAVAHO

"那伐鹤"核巡航导弹（美国）

■ 简要介绍

"那伐鹤"核巡航导弹是美国北美航空公司于二战结束后开始研制的一系列全射程行动导弹，采用劳伦斯·利弗莫尔国家实验室生产的 W39 型热核战斗部，并使用冲压发动机，因此射程可达 800 千米~1600 千米。

■ 研制历程

在二战快结束时，美国陆军航空兵向几家航空公司发出了多个地地导弹的研究合同，这些合同包括北美公司项目 MX-770（旨在研究一种射程 800 千米的超声速导弹）。1947 年，该型导弹的射程增加到了 1600 千米。同年，北美公司收到了在项目 MX-770 下面发展 SSM-A-2"那伐鹤"核导弹的合同，要求"那伐鹤"核导弹要有 8000 千米的射程。1950 年，"那伐鹤"核导弹采用三阶段的发展方式展开，即序列号为 X-10、XB-64、XB-64A。其中，X-10 验证导弹巡航阶段的基本气动设计；1956 年，第二阶段测试展开，XB-64 和 XB-64A 分别改称为 XSM-64 和 XSM-64A。

基本参数	
最大巡航空度	24 千米
最大速度	1105 米/秒
射程	800 千米~1600 千米

■ 作战性能

"那伐鹤"核巡航导弹的 XSM-64 型和 XSM-64A 型之间的不同，在于两者的主翼和鸭翼平面以及垂尾。另外，前者需要从一个发射台发射，装备一台 XLR71-NA-1 双燃烧室液体火箭发动机（助推器）。助推器在超过 12000 米的高空把导弹加速到约 1020 米/秒，然后两台怀特 XRJ47-W-5 冲压发动机发动，助推器被抛掉。导弹使用一套北美公司 N-6 型惯性导航系统进行制导。

▲ "那伐鹤"核巡航导弹

知识链接 >>

"那伐鹤"项目非常麻烦，在 1956 年 11 月—1957 年 6 月间只进行了 4 次发射测试，结果全部以失败告终。1957 年 7 月，美国空军放弃了发展"那伐鹤"计划，但之后仍进行了 7 次飞行测试，直至 1958 年 11 月，总共有 16 枚 XSM-64 被用于测试，这些测试中没有一次是 100% 成功的。

SM-62 SNARK
SM-62"蛇鲨"核巡航导弹（美国）

■ 简要介绍

SM-62"蛇鲨"是美国诺斯洛普公司于1947年开始研制的，也是美国空军唯一部署的一种大型地地洲际核巡航导弹，其主要作战使命是在大规模空袭中，先期摧毁敌军的以防空雷达为首的具有严重威胁效应的防空系统，确保后续轰炸机的有效渗透。"蛇鲨"导弹的服役时间很短，其速度接近于喷气式飞机，很容易被拦截。

■ 研制历程

从1947年开始，美国诺斯洛普公司就启动了"蛇鲨"（SM-62）巡航导弹的研制工作。最初是要研制两种导弹，一种是超声速巡航导弹，代号MX775B；另一种是亚声速巡航导弹，代号为MX775A。第一次飞行试验被定在1949年，但由于项目优先级降低和解决技术问题，直到1951年4月才完成第一次成功试射。之后于1958年投入生产。

1958年，美国空军战略司令部开始接收"蛇鲨"（SM-62）核巡航导弹，最开始配备的单位是第702战略导弹联队。先后总共有30枚此型导弹投入部署。1961年，它便从部队退役了，因此很少有人知道该型导弹。

基本参数	
弹长	20.7米
全重	27.2吨
射程	10200千米
最大航速	1050千米/小时

■ 作战性能

"蛇鲨"核巡航导弹配备的弹头是W39型核弹头，其爆炸当量为380万吨。W39核弹头的主要服役时间是1957—1966年。除了用在巡航导弹上的版本以外，W39还有核炸弹型号，代号为MK39。"蛇鲨"导弹的威力是非常大的，它的核弹头释放的能量能够夷平一座大中型城市。

知识链接 >>

"蛇鲨"核巡航导弹最突出的特点是射程超远,其最大射程为10200千米。其部署在美国本土,也能够对苏联构成威胁。即便是从今天的角度看,这个射程也是非常远的,甚至超过了历史上的许多洲际导弹。

▲ "蛇鲨"核巡航导弹发射瞬间

M31/M50/MGR-1 "诚实约翰"地地核火箭弹
（美国）

■ 简要介绍

M31/M50/MGR-1"诚实约翰"是1950年美国研发的第一种地地核火箭弹。它在美国军队中服役多年（1954—1982）。

■ 研制历程

1950年5月，美国红石兵工厂开始为陆军野战炮兵研制一种大型无制导固体燃料核战术火箭弹，当年年末与道格拉斯公司签订合同，这种新型火箭弹被命名为"诚实约翰"。

1951年6月，"诚实约翰"开始进行飞行测试。1953年1月，少量生产型号开始进入美国陆军部队服役，炮兵序列号为M31。

1955年，红石兵工厂开始寻求对"诚实约翰"进行重要的改进，该项目被暂时称为XM31E2。因与道格拉斯公司的合同问题，以及技术原因，新型火箭弹项目被迫推迟，但是在1957年，道格拉斯公司完成了改进型"诚实约翰"的设计，编号改为XM50。

1963年6月，所有的"诚实约翰"火箭弹序列号被纳入MGR-1系列，它包括MGR-1A、MGR-1B和MGR-1C。

基本参数

弹径	0.48米
弹长	3.2米
弹头重量	0.68吨
最大射程	37千米

■ 作战性能

"诚实约翰"是一种无制导的762毫米地地核火箭弹，可以使用多种战斗部，包括爆炸威力为2万吨TNT当量的W7型核战斗部、爆炸威力为0.2万吨～4万吨TNT当量的W31型核战斗部、0.68吨常规高爆战斗部等。该弹装备一台M6固体燃料火箭发动机，由两台M7旋转电机负责保持飞行中的稳定性，是当时美国全部核武器中最容易操作的。

▲ 发射车上的 MGR-1

知识链接 >>

1954年春，第一支"诚实约翰"作战部队被部署到欧洲。1961年，第一支装备 XM50 的部队开始运转。至1965年 MGR-1B/C 的生产工作结束时，该型号火箭弹已经生产了7000枚以上。1973年，MGM-52"长矛"导弹开始替换 MGR-1，"诚实约翰"被转交给美国国民警卫队使用。到1982年，最后的"诚实约翰"火箭弹从美国国民警卫队退役。

SM-75/PGM-17 THOR
SM-75/PGM-17"索尔"中程弹道导弹
（美国）

■ 简要介绍

SM-75"索尔"中程弹道导弹是美国道格拉斯公司1954年开始研制的美国武装力量装备的第一种中程弹道导弹，它携带的是一枚爆炸威力为145万吨TNT当量的W49型热核战斗部；而非武装型号的"索尔"训练导弹编号为USM-75。1963年，在英国的短暂服役结束后，全部"索尔"导弹的序列号被改为PGM-17。

■ 研制历程

1954年，美国空军为补充远程洲际弹道导弹，计划研发一种射程2400千米的弹道导弹。1955年，该导弹被命名为"索尔"，基本设计很快确定，要求导弹使用现成组件（如美国陆军SM-78/PGM-19A"木星"中程弹道导弹上的"洛克达因"S-3D液体火箭发动机，SM-65D/CGM-16D"阿特拉斯"洲际弹道导弹上的MK-2再入载具和惯性制导单元）并能通过C-124"环球霸王"运输机进行运输。

1955年9月，导弹发展计划被许可，同年12月，道格拉斯公司被选为SM-75"索尔"中程弹道导弹的主承包商。因为许多组件的发展非常快，1956年8月完成图纸，开始进行测试；1957年，导弹的生产随之开始。

基本参数	
弹径	2.87米
弹长	18米
全重	50吨
射程	2400千米
TNT当量	145万吨

■ 作战性能

SM-75/PGM-17"索尔"中程弹道导弹采用单级设计，装备一台"洛克达因"S-3D型发动机（美国空军编号LR79-NA），以煤油和液氧作为燃料。其主推进系统编号MB-3；此外，SM-75还装备有两台"洛克达因"小型微调发动机，以进行微调和方向控制。"索尔"携带一枚爆炸威力为145万吨TNT当量的W49型热核战斗部。

知识链接 >>

"索尔"导弹虽然服役时间很短,但其曾被用于运载火箭和反卫星武器。1962年2月,美国空军启动项目437,以发展核反卫星武器。1964年2月,非武装的"索尔"反卫星导弹测试开始,1964年9月,"索尔"反卫星导弹开始服役,从那时起,直到1972年12月退役,美国防空司令部(ADC)一直保持两枚"索尔"反卫星导弹处于24小时待命状态。

▲ "索尔"中程弹道导弹

SM-78/PGM-19A JUPITER

SM-78/PGM-19A "木星"中程弹道导弹

(美国)

■ 简要介绍

SM-78/PGM-19A"木星"(也有译作"朱庇特"的)是美国早期战略弹道导弹之中唯一一个有机动性的中程弹道导弹,由克莱斯勒公司于1954年开始为美国陆军(后转为空军)研发。该导弹携带一个爆炸威力为1.45万吨的W49热核战斗部,射程约3000千米。至1960年退役前,共生产了100枚。

■ 研制历程

1954年,美国陆军为替代PGM-11"红石"导弹,开始了"木星"中程导弹研制计划。1955年,当"索尔"中程弹道导弹项目获得批准后,陆军和海军开始联合发展"木星"项目。同年11月,"木星"所采用的火箭"洛克达因"S-3D发动机开始进行测试;1956年3月,"木星"导弹的部件被装载在"红石"导弹的改进型"木星"A上开始测试飞行。这时,克莱斯勒公司获得了一份"木星"A的深度改型"木星"C的生产合同。

但到了11月,国防部长为平息陆军和空军关于地地弹道导弹归属问题的争论,决定美国空军应该拥有所有射程超过320千米的导弹。从此时起,"木星"正式成为空军的项目。

■ 结构性能

SM-78/PGM-19A"木星"是一种单级火箭,由1台以煤油液氧为燃料的火箭"洛克达因"S-3D发动机驱动。它携带的是爆炸威力为1.45万吨的W49热核战斗部。尽管"木星"发射基地包括20余辆车,并不能灵活机动,但其的确显著提高了在先发制人的攻击下的生存力,因为其位置不能为敌方所预先标记。SM-78还采用全惯性导航系统,这使得其更为精确。

基本参数

弹径	2.67米
弹长	18.3米
全重	49.8吨
速度	16100千米/小时
升限	610千米
射程	2980千米

▲ "木星"中程弹道导弹竖起和展开状态

▲ "木星"中程弹道导弹

知识链接 >>

1957年10月，SM-78进行了第一次成功试射。1959年，美国与意大利和土耳其正式达成了协定，将"木星"导弹部署在这两个国家。不过，"木星"并没能服役多久。1963年1月，美国宣布从意大利和土耳其撤出全部"木星"导弹。退役前不久，SM-78被重新命名为PGM-19A。

SM-68/HGM-25/LGM-25 "泰坦"洲际弹道导弹

（美国）

■ 简要介绍

SM-68/HGM-25/LGM-25 "泰坦"是美国马丁公司20世纪50年代中期为空军研发的第二种洲际弹道导弹，是美国空军第一种采用多级设计的洲际导弹，采用W38核战斗部。而其改进型"泰坦"II装备有爆炸威力900万吨TNT当量的W53型热核战斗部，因此也是美国迄今为止部署过的最具威力的核导弹。

■ 研制历程

1954年，当SM-65 "阿特拉斯"洲际导弹进入性能数据确定阶段之时，美国空军为了避免整个洲际导弹计划因为一部分设计失败而全面化为泡影，将发动机、制导系统和再入载具等许多相关设计合同交给了其他公司。

1955年，美国空军终于决定研制一型全新的洲际导弹系统作为"阿特拉斯"的后备。同年10月，马丁公司获得了这种导弹的合同，对SM-68 "泰坦"导弹的弹体结构和系统进行整合。由于其研发受到"阿特拉斯"进度的影响，测试一直拖到了1961年。但在1959年时，马丁公司已经计划研发一种"泰坦"的高度升级型，包括采用全惯性制导系统和可储存燃料，使导弹可以"即刻"发射，这就是后来较具可靠性和威力的"泰坦"II。1963年6月，"泰坦"导弹重新定名为XGM-25，之后定名为HGM-25/LGM-25。

基本参数

弹径	3.05米（一级）/ 2.44米（二级）
弹长	29.9米
全重	99.7吨
速度	24100千米/小时
射程	10100千米

■ 作战性能

"泰坦"I洲际弹道导弹（SM-68）是一种两级液体燃料导弹。导弹的第一级采用两台航空喷气LR-87-AJ-1发动机，第二级则是一台航空喷气LR-91-AJ-1发动机，所有发动机都燃烧煤油（RP-1）和液氧。"泰坦"II采用与"泰坦"I相同的两级基础设计。然而，SM-68B的上半部分与SM-68的显然不同，因为其第二级扩大到与第一级相同直径，采用新的MK6再入载具，可以容纳当量巨大的900万吨级W53热核战斗部。

知识链接 >>

1962年4月，第一个SM-68"泰坦"I导弹中队宣布入役。当先进得多的LGM-30"民兵"和LGM-25C"泰坦"II在1963年入役之后，空军决定将"泰坦"I与"阿特拉斯"一起除役。1965年1月至4月，所有已部署的"泰坦"I导弹（共54枚）全部退役。"泰坦"II在1984—1987年全部退役。尚存的导弹在1990年被改造成运载火箭并重新定名为SB-4A。

▲ 发射井中的"泰坦"导弹

M14/MGM-31 "潘兴"中程弹道导弹
（美国）

■ 简要介绍

M14/MGM-31"潘兴"是美国马丁·马丽埃塔公司于20世纪50年代后期研制的中程战术弹道导弹，共有3种型号，战斗部为W50型和W85型热核弹头。它是美国陆军部署的唯一一种固体燃料中程弹道导弹，该导弹服役长达30年，直至根据军备裁减条约被逐步淘汰。

■ 研制历程

1956年，美国陆军开始研究一种射程较远的固体燃料导弹。1958年1月制订了该导弹项目，被正式称为"潘兴"。同年3月，马丁公司被授予一份全面发展合同，开始生产"潘兴"IA导弹，序列号XM14。到了20世纪60年代，苏联已使它的常规武装大大扩展并现代化了，与此同时特别加紧发展核武器，尤其是核运载工具。急剧增强的苏联军事力量，使美国方面感到日益严重的威胁。马丁公司在1965年收到了美国国防部关于改造"潘兴"快速反应警戒（QRA）导弹系统的要求，推出了"潘兴"IB导弹，编号改为XMTM-31B（"潘兴"IA则为XMGM-31A）。1974年4月开始研制"潘兴"Ⅱ（XMGM-31C）式导弹，采用W85型热核战斗部。主要是增大射程、提高精度。

■ 作战性能

"潘兴"I型中程弹道导弹装备聚硫橡胶两级固体燃料火箭，携带爆炸威力为40万吨TNT当量的W50型热核战斗部。该导弹采用惯性制导系统，同时还装备了一个高速抗烧蚀再入载具。"潘兴"Ⅱ采用W85热核弹头，可以有3种起爆方式，即空中爆炸、地面爆炸、穿地爆炸。

基本参数	
弹径	1米
弹长	10米
发射质量	7.26吨
最大射程	1800千米
飞行高度	300千米
命中精度	30米

"潘兴"中程弹道导弹

知识链接 >>

  1962年6月,第一支"潘兴"型导弹部队开始接收导弹。1964年,第个"潘兴"I型中程弹道导弹营被部署到了德国迅速替换了全部PGM-11"红石"中程弹道弹。从1975年开始,"潘兴"IB总共生了750枚,在欧洲部署了108枚。19年12月,第一支"潘兴"II导弹部开始行动,到1985年12月,在欧的全部108枚"潘兴"IB型导被"潘兴"II式导弹替换。

UGM-73 POSEIDON

UGM-73"波塞冬"潜射弹道导弹

(美国)

■ 简要介绍

UGM-73"波塞冬"是由美国洛克希德公司研发的美国第二种潜射弹道导弹,用以替代之前的"北极星"导弹。该弹能够携带10个MK3分导再入载具,每个载具可以携带一枚爆炸威力为5万吨TNT当量的W68型热核战斗部,非常适合作为战略报复武器打击敌方的软目标。

■ 研制历程

1963年,美国海军研究发展一种"北极星"潜射弹道导弹的衍生放大型号,该型号将放大到"北极星"导弹发射管允许的最大尺寸。同年11月,这个项目成为"北极星"B-3项目的一部分,研制该导弹的主要目标是让射程增加到5600千米。

1964年,洛克希德公司引入了分导式再入载具设计,然而,增加射程的要求被搁置。次年,因为该导弹已经超越了"北极星"导弹简单升级的范畴,于是被重新命名为"波塞冬"C-3,不久被分配了正式序列号ZUGM-73A。

1968年8月,采用了W68型热核弹头的UGM-73A进行了首次发射,在1970年8月,该导弹从美国海军拉法耶特级战略核潜艇"詹姆斯·麦迪逊"号(SSBN-627)上进行了首次成功的水下发射。之后,便定名为UGM-73投入生产。

■ 作战性能

UGM-73"波塞冬"潜射弹道导弹是一种两级固体燃料导弹,每一级由一个矢量喷嘴进行控制。一般是装载10枚爆炸当量各4万吨的W68三型独立多重重返大气层载具弹头,并加上辅助穿透装置。

基本参数	
弹径	1.88米
弹长	10.36米
发射重量	29.5吨
射程	5600千米

知识链接 >>

第一批"波塞冬"导弹于1970年入役美国海军不久,就被发现存在着严重的安全问题。这些问题直到1974年才被解决。在1970—1978年间,洛克希德公司总共制造了620枚UGM-73A型潜射弹道导弹。从1979年10月开始,"波塞冬"导弹逐渐被新型的UGM-96"三叉戟"I型C-4潜射弹道导弹替代。1992年9月,最后一艘装备"波塞冬"导弹的战略核潜艇退役。

▲ "波塞冬"潜射弹道导弹出水瞬间

SM-80/LGM-30 "民兵"洲际弹道导弹

(美国)

■ 简要介绍

SM-80/LGM-30 "民兵"洲际弹道导弹是美国波音公司设计生产的世界上第一种固体燃料洲际弹道导弹,自从其部署以来一直作为美国空军洲际弹道导弹力量的主力。由于其接替者 LGM-118 "和平卫士"因军备裁减而退役,进行改进后的"民兵"III 导弹成为美国空军迄今唯一的陆基核洲际导弹。"民兵"I、II、III 分别携带的是 W59、W56、W62 核战斗部。

■ 研制历程

从 1958 年开始,美国波音公司开始研制一种新型的地地洲际弹道导弹。最开始是采用全新的固体燃料的导弹系列"民兵"I A 型和 B 型;其后又推出了第二代导弹向第三代的过渡型"民兵"II 型。

在此基础上,1966 年研制出了装备有分导式再入飞行器的"民兵"III 型,成为第三代洲际弹道导弹,也是世界上第一种装分导式多弹头的地地战略导弹。

■ 作战性能

"民兵"I A 导弹的威力有限(其装备的 W59 型核战斗部爆炸威力为 120 万吨 TNT 当量),制导系统只能存储一个目标的坐标,这比起后来的型号不够灵活,但是该导弹是第一种具备了立即发射能力的洲际弹道导弹。"民兵"II(LGM-30F)导弹在功能上有很多改进。该导弹有一台全新的 SR-19-AJ-1 第二级发动机,这使其射程增加了约 1600 千米。它携带爆炸威力为 200 万吨 TNT 当量的 W56 型核战斗部,这使该导弹的威力增加。

基本参数	
弹径	1.67 米
弹长	17.55 米
命中精度	560 米
最大射程	11260 千米
发射重量	331 吨

▲ "民兵"Ⅲ洲际弹道导弹

知识链接 >>

洲际弹道导弹通常指射程大于8000千米的远程弹道式导弹。它是战略核力量的重要组成部分。洲际弹道导弹具有比中程弹道导弹、短程弹道导弹和新命名的战区弹道导弹更长的射程和更快的速度。

SPRINT

"短跑"核反导导弹(美国)

■ 简要介绍

"短跑"是美国于20世纪60年代研发的全新的反导导弹,采用了1000吨的W66型增强辐射热核战斗部(中子弹),主要目的是拦截敌方的导弹,甚至太空中的目标。

■ 研制历程

早在20世纪50年代末,美国陆军就研制出了奈基-宙斯A反导导弹。之后,开始发展奈基-宙斯B大气层外反弹道导弹武器,虽然该导弹可以在尽可能高的高度拦截洲际弹道导弹,从而尽量减少其热核战斗部对己方的影响,但是需要一种终端防御导弹来摧毁那些躲过第一道拦截线的再入载具。

20世纪60年代初,美国方面在经过研究后得出结论,一种非常高速的拦截导弹是可行的,于是在1963年3月,马丁·马丽埃塔公司收到了"短跑"导弹的发展合同。1964年年初,开始进行导弹组件测试;1965年11月,在白沙导弹靶场进行了首次发射测试,并一直持续到1970年。

基本参数	
弹径	0.91米
弹长	15.29米
速度	1361米/秒
最大射程	280千米
重量	11吨

■ 作战性能

"短跑"导弹采用两级固体燃料火箭发动机。在导弹通过冷发射被弹射到空中后火箭发动机启动。该导弹装备爆炸威力为1000吨的W66型增强辐射热核战斗部(中子弹),通过地面指令引爆。

▲ 奈基-宙斯核反导导弹

知识链接 >>

"短跑"核反导导弹于1968年3月入役后即进行了首次发射。1970年8月，它成功拦截了一枚LGM-30"民兵"再入载具。1962年7月，一枚奈基-宙斯B型导弹成功拦截了一枚"阿特拉斯"洲际弹道导弹。1963年5月，一枚经过改装的奈基-宙斯B型导弹成功拦截了一枚卫星。1963年年末，该导弹成功拦截了10多个再入载具。

TOMAHAWK SERIES
"战斧"系列巡航导弹（美国）

■ 简要介绍

"战斧"是美国通用动力公司自20世纪70年代开始研发的一种远程多用途战略和战术高精度巡航导弹，能够从陆地、船舰、空中与水下多种平台进行发射，被广泛使用在美国的军事行动中。它有多种不同的改进型。其中，海射巡航导弹安装W27热核战斗部、陆射巡航导弹安装W39、W84热核战斗部，以及空射和海射巡航导弹共用W80热核战斗部。

■ 研制历程

20世纪70年代初期，因微电子、小型航空发动机及隐身技术等的进步，巡航导弹开始进入新的发展阶段。于是从1972年开始，美国通用动力公司开始研制空/海巡航导弹共用的热核战斗部W80，相继发展出了亚声速、全天候、多用途的海基、空基与陆基版的"战斧"BGM-109 / AGM-109巡航导弹。1976年进行了第一次水下发射试验；1979年进行垂直发射试验成功；1980年从战舰上发射成功，随后投入生产。

经过近30年的发展，"战斧"巡航导弹家族已发展了三代，并计划向第四代、第五代方向发展，其计划型号已达22种。

基本参数	
弹径	0.53米
弹长	5.56米
发射重量	1.2吨
命中精度	10米
最大射程	2500千米

■ 作战性能

"战斧"巡航导弹的战斗部装有W80核装料，新型的热核战斗部相比以前更小型化，爆炸威力相对加强，安全性更高。该核导弹装有多种高技术电子仪器，遇山爬坡，遇沟下降，当导弹接近目标时，由一个功能如同电子眼的小型数字式摄像机同预先储存好的卫星图片进行比较，只要导弹稍稍偏离航线，即刻便可得到修正。因此命中精度高，其误差不超过10米。

▲ "战斧"巡航导弹

知识链接 >>

在整个海湾战争期间,美军的水面舰艇、潜艇在波斯湾、红海和地中海发射了约 290 枚对陆常规攻击型 BGM-109C、D "战斧"巡航导弹,其命中率达 98%。

▲ "战斧"巡航导弹

LGM-118A PEACEKEEPER
LGM-118A "和平卫士"洲际弹道导弹（美国）

■ 简要介绍

LGM-118A "和平卫士"是美国马丁·马丽埃塔公司于1971年开始研制的第四代洲际弹道导弹，可同时发射10枚~12枚爆炸威力为30万吨TNT当量的W87核弹头，圆周偏差率仅为100米，且具备弹头再入大气层突防能力，成为当时美国最先进的战略导弹之一，被誉为"划时代的洲际弹道导弹"。

■ 研制历程

20世纪50年代末和60年代，美国部署的W49、W53、W56、W59等热核弹头均为高威力导弹热核弹头，多数突防能力低下，可靠性较差。其中大部分配备于"雷神""宇宙神"和"大力神"导弹。

20世纪60年代末期，美国又开始部署分导式多弹头"民兵"Ⅲ导弹，可携带3个分导式热核子弹头，都采取了抗核加固技术措施，提高了命中精度和突防能力。

1971年，美国开始设计一种比"民兵"Ⅲ型导弹有更佳的准确度、存活率、射程和运用弹性的武器，用以打击坚固军事目标，摧毁敌方的加固导弹发射井，提出"大型先进洲际弹道导弹"计划，即MX "和平卫士"大型洲际核导弹；主承包商是马丁·马丽埃塔公司。

基本参数	
弹径	2.33米
弹长	21.6米
全重	87.5吨
射程	11000千米

■ 作战性能

"和平卫士"是一种多目标重返大气层载具导弹，由弹头和弹体组成。其有足够的能力摧毁任何强化工事目标，包括特别强化的陆基洲际弹道导弹掩体及首长的防护掩体。

▲ "和平卫士"最多可搭载 10 枚 W87 分导核弹头

知识链接 >>

"和平卫士"的部署，曾引起争议：有一种意见是使用飞机运输；后来，焦点又集中在地面部署，使用公路机动卡车或地下隧道的铁路货车。1982 年，里根政府核准了"紧密部署计划"。于是在 1987 年，50 枚"和平卫士"导弹部署进怀俄明州华伦空军基地内本属于"民兵"Ⅲ型导弹的掩体中。

UGM-133 "三叉戟" II 潜射弹道导弹（美国）

■ 简要介绍

UGM-133 "三叉戟" II 型（D-5）是美国洛克希德·马丁公司为海军生产的一种核潜射弹道导弹。该导弹有着非常长的射程、高精度的制导系统，是目前美国核武器库中最重要的成员之一。20 年时间连续 130 次发射成功的成绩，是该导弹可靠性最好的证明。

■ 研制历程

20 世纪 70 年代初，当美国海军和洛克希德·马丁公司研究水下远程导弹系统时，决定先部署一种 UGM-73 "波塞冬" C-3 型潜射导弹的改进型（即 UGM-96 "三叉戟" I 型 C-4），然后再发展一种更大的潜射导弹，以部署在新一代战略核潜艇上。

这种新一代战略核潜艇的第一艘就是"俄亥俄"号（SSBN-726），该艇于 1981 年 11 月服役。"俄亥俄"号及随后的 7 艘俄亥俄级战略核潜艇都配备"三叉戟" I 型导弹。但是，洛克希德·马丁公司已经开始设计能充分利用俄亥俄级战略核潜艇上巨型导弹发射筒的 D-5 潜射弹道导弹。1983 年 10 月，这种新型导弹被正式命名为"三叉戟" II。

基本参数	
弹径	2.11 米
弹长	13.5 米
全重	58.9 吨
射程	11000 千米

■ 作战性能

"三叉戟" II 为三级固体推进导弹，体积大，它的弹头包括 6 个（或者 14 个）MK5 型分导式再入载具，每个分导式再入载具中携带 1 枚爆炸威力为 47.5 万吨 TNT 当量的 W88 型热核战斗部。能够使用 UGM-96A "三叉戟" I 型导弹装备的 MK4 型分导式再入载具（每个分导式再入载具携带 1 枚爆炸威力为 10 万吨 TNT 当量的 W76 型核战斗部）。此时它的射程高达 11000 千米。

知识链接 >>

1990年，美国海军 18 艘俄亥俄级战略核潜艇中的后 10 艘一开始就装备了"三叉戟"II型潜射弹道导弹，其余 8 艘中有 4 艘也被改为发射"三叉戟"II型导弹的配置，每艘艇携带"三叉戟"II型导弹 24 枚。到 1992 年时，合计有 17 艘潜艇携带 408 枚"三叉戟"II型导弹。英国也有 4 艘前卫级战备核潜艇装备（每艘可携带 16 枚）共 64 枚"三叉戟"II型导弹。

▲ 装备"三叉戟"II导弹的英国海军前卫级战备核潜艇

NAUTILUS
"鹦鹉螺"号核潜艇（美国）

■ 简要介绍

"鹦鹉螺"号核潜艇（SSN-571）是美国海军隶下的一艘核潜艇，是世界上第一艘核潜艇，也是第一艘从水下穿越北极的潜艇。"鹦鹉螺"号核潜艇开应用核动力之先河，潜艇由此进入了又一个新纪元，具有不可估量的巨大价值。因此，"鹦鹉螺"号核潜艇的出现被认为是现代潜艇技术发展过程中的里程碑。"鹦鹉螺"号核潜艇的命名是为了纪念儒勒·凡尔纳小说《海底两万里》中的"鹦鹉螺"号潜艇。

■ 研制历程

1946年，美国海军部决定成立原子能研究机构，并挑选上校军官海曼·乔治·里科弗来主持工作。里科弗提出美国海军核动力计划的第一步应该放在潜艇上。1948年5月1日，美国原子能委员会和美国海军联合宣布了建造核潜艇的决定。1949年，里科弗被任命为国防部研究发展委员会动力发展部海军处负责人，并兼任原子能委员会、海军船舶局两个核动力部门的主管和核潜艇工程总工程师。

1952年6月14日，"鹦鹉螺"号核潜艇在美国通用电船公司开工建造，1954年9月30日服役，1980年3月3日退役，之后经过改装在美国格罗顿潜艇部队作博物馆艇。

基本参数	
艇长	98.7米
艇宽	8.4米
吃水	6.6米
水下排水量	4092吨
水下航速	23.3节
潜深	213米
自持力	50天
艇员编制	105人
动力系统	1座S2W型压水堆/2台蒸汽轮机

■ 作战性能

"鹦鹉螺"号核潜艇在运行的最初两年里，仅仅消耗了几千克重的浓缩铀，若用柴油推进方式换算，在同样大的功率下运行两年，将要消耗掉825万升的柴油，运输这么多燃料需要217节油罐车，所组成的列车长达3.2千米，要耗费197万美元。"鹦鹉螺"号可以完全保持潜航状态，几乎无限制地在水下高速航行，这是常规动力潜艇无法办到的，这是核潜艇最大的优点。

▲ 海曼·乔治·里科弗

知识链接 >>

1958年7月23日,"鹦鹉螺"号出海北航,于8月1日潜入巴罗海谷,8月3日抵达地理北极,成为世界上第一艘航抵北极点的船只。自北极点开始,它又继续在冰下航行了96小时,共计2945千米,最终成功地以潜航方式完成穿越北极的任务。

▲ "鹦鹉螺"号核潜艇下水

VIRGINIA-CLASS
弗吉尼亚级攻击核潜艇（美国）

■ 简要介绍

弗吉尼亚级攻击核潜艇是美国海军隶下的一型核动力快速攻击潜艇。从美国攻击型核潜艇发展时间和潜艇级别来看，它是第七代攻击核潜艇；但从发展研制的技术特征和用途来看，它属于第四代攻击核潜艇。它是冷战结束后，美国以多功能和多用途为主要任务研制的一级攻击型核潜艇，主要用以替换大量在役的洛杉矶级攻击核潜艇，逐渐成为21世纪近海作战的主要力量，同时也保留了远洋反潜能力。

■ 研制历程

1994年8月，弗吉尼亚级核潜艇进入第一阶段设计，1995年6月30日进入论证阶段。

首艇"弗吉尼亚"号于1998年开工建造，2003年8月16日下水，2004年6月7日正式交付美国海军之后顺利完成海试，2004年10月23日在诺福克港正式服役。

根据美国海军2014年制订的30年造舰计划，弗吉尼亚级核潜艇的建造和交付至少将持续到2043年，总共将建造48艘~50艘。

基本参数	
艇长	114.91米
艇宽	10.36米
吃水	9.3米
水下排水量	7800吨
水下航速	28节
潜深	450米
自持力	90天
艇员编制	134人
动力系统	1座S9G型压水堆 2台汽轮机主机 1台辅助应急推进电机

■ 作战性能

弗吉尼亚级攻击核潜艇主要在大西洋和太平洋地区活动，与主要用于在深海大洋等待与敌方战舰决斗的"前辈"们相比，采用自动导航控制设备的弗吉尼亚级核潜艇的近海作战能力尤其突出，这包括执行攻击式/防御式布雷、扫雷、特种部队投送/回撤（美国先进蛙人输送系统规划）、支援航母作战编队、情报收集与监视、使用新型战斧巡航导弹精确打击陆上目标等。

▲ 弗吉尼亚级攻击核潜艇现代化的舱室

知识链接 >>

弗吉尼亚级攻击核潜艇装备了一座S9G型压水堆，它采用了价格更低而效率更高的蒸汽发生器，一次装料可使用30年～33年，与弗吉尼亚级本身的服役寿命相同，这意味着潜艇在全寿命周期内无须中途另行换装核燃料。该级核潜艇的重大创新是使用两根外置式的光电桅杆替换了使用近百年的光学潜望镜，这在潜望镜发展史上，是一次革命性的变革。

LAFAYETTE-CLASS
拉法耶特级战略核潜艇（美国

■ 简要介绍

拉法耶特级战略核潜艇是美国海军隶下的一型核动力弹道导弹潜艇，是美国第三代弹道导弹核潜艇，是美国海军二战后建造的批量最大的弹道导弹核潜艇。

■ 研制历程

1960年9月，美国国防部决定在"北极星"A2潜射弹道导弹的基础上继续研制射程为4600千米的"北极星"A3潜射弹道导弹，而与此同时新型战略核潜艇的设计工作也基本进入尾声，为了纪念支持美国独立战争的拉法耶特伯爵，新型战略核潜艇被命名为拉法耶特级。

1961年1月17日，首艇"拉法耶特"号开工建造，1962年5月8日下水，1963年4月23日服役。1961—1967年，美国连续建造了31艘该级潜艇。到20世纪90年代该级核潜艇全部退役。

■ 作战性能

拉法耶特级战略核潜艇所装备的弹道导弹以及导弹发射指挥装置都有所改进。该级艇前8艘装备的是"北极星"A2导弹，最大射程2800千米。从第9艘至第31艘，这23艘装备的是"北极星"A3导弹，最大射程4600千米。除装备有弹道导弹外，拉法耶特级还携载了22枚鱼雷用于自卫。鱼雷以MK37或M/HK45线导反潜鱼雷为主，也可以使用老式的MK14、MK16和新式的MK48鱼雷。设计拉法耶特级战略核潜艇时，美国海军非常重视核潜艇的静音能力，因此采用了许多长尾鲨级攻击核潜艇的静音技术，使其具备隐身能力。

基本参数	
艇长	129.5米
艇宽	10.1米
吃水	9.6米
水下排水量	8250吨
水下航速	25节
潜深	300米
自持力	90天
艇员编制	134人

▲ 拉法耶特级战略核潜艇

知识链接 >>

1994年，拉法耶特级"卡米哈米哈"号和"詹姆斯·波尔克"号在美国玛尔岛海军造船厂被改装成输送"海豹"突击队员的特种输送潜艇，因此被转为攻击核潜艇序列，每艘可以输送67名"海豹"突击队员及其使用的装备，指挥台围壳后面的上甲板处，可以携带两个"干式甲板掩蔽舱"，使潜艇在水下状态亦可保证突击队员进出潜艇。

OHIO-CLASS
俄亥俄级战略核潜艇（美国）

■ 简要介绍

俄亥俄级战略核潜艇是隶属美国海军的一种弹道导弹核潜艇，它采用许多先进静音科技进行隐身，其体量是拉法耶特级的两倍大，是美国海军最大的潜艇。

■ 研制历程

20世纪70年代，美国海军发展俄亥俄级战略核潜艇来取代乔治·华盛顿级战略核潜艇与伊桑·艾伦级战略核潜艇，因为原始设计的限制使它们无法换装较新型的"三叉戟"C-4弹道导弹。在美国海军最初的规划中，"俄亥俄"号只是一种放大改良版的拉法耶特级战略核潜艇，但最终发展成一个新级。

首艇"俄亥俄"号于1976年开建，1979年下水，1981年服役。最初，美国海军打算建造24艘俄亥俄级核潜艇，不过由于冷战结束以及美苏第二阶段战略裁减谈判，遂取消了最后6艘，共建了18艘。

■ 作战性能

俄亥俄级前8艘核潜艇都使用"三叉戟"C-4弹道导弹，射程7400千米，圆周偏差率约380米。由于拥有射程长得多的弹道导弹，俄亥俄级在美国势力范围的海域内就能发挥战略吓阻作用。从9号"田纳西"号开始的俄亥俄级改配备更具威力的"三叉戟"Ⅱ型D-5洲际导弹，射程增加至12000千米；每一枚D-5最多可携带14枚MK4型MIRV，此时射程就会减少到8000千米以下。此外，D-5还可携带威力更强的MK5 MIRV，每一个MK5配备一个爆炸威力47.5万吨TNT当量的W88核弹头，装载8个MK5 MIRV时，D-5射程约6000千米以上。

基本参数	
艇长	170.7米
艇宽	12.8米
吃水	10.8米
水下排水量	18750吨
水下航速	20节
潜深	240米
自持力	45天
艇员编制	155人
动力系统	1座S8G压水堆/2台传动涡轮发动机/1台辅助发动机

▲ 俄亥俄级战略核潜艇的导弹发射口

知识链接 >>

原本美国海军预计建造 24 艘俄亥俄级，但因 1991 年美苏签署第二次战略武器缩减条约，所以最后 6 艘被取消。苏联解体后，世界局势已经全面和缓，于是从 2002 年开始改装了 4 艘，成为携带常规制导导弹的巡航导弹核潜艇。因此，俄亥俄级核潜艇被分为巡航导弹核潜艇 SSGN 和弹道导弹核潜艇 SSBN 两类。

B-1 LANCER

B-1"枪骑兵"轰炸机（美国）

■ 简要介绍

B-1 轰炸机，代号"枪骑兵"，是美国空军一型超声速变后掠翼远程战略轰炸机。因为 B-1 读作"B-One"而常常被称为"骨头"（Bone）。该型轰炸机能成功突破敌方防御，将防区外发射武器或自由落体武器精准投射到军事或工业目标上，从而对敌方可能发动的核袭击实施有效威慑。B-1B 是其主要的改型，亦为美国空军战略威慑的主要力量之一。

■ 研制历程

1969 年，美国空军发布了项目需求书，北美航空（后与罗克韦尔公司合并，又被波音公司收购）赢得研制权。1974 年，机号 74-0158 的首架 B-1 原型机正式出厂。1975 年，B-1 原型机首飞。1977 年，由于美空军战略的改变和高空突防方式不足以应付强大的苏联防空火力网，B-1 计划取消。1980 年，B-1B 项目重启。1984 年，第一架 B-1B 原型机出厂。1986 年，B-1B 开始列装部队。

基本参数	
长度	44.5米
翼展	41.8米
高度	10.4米
空重	87.1吨
最大起飞重量	216.4吨
动力系统	4台涡轮风扇发动机
最大航速	1530千米/小时
实用升限	18千米
最大航程	11999千米

■ 作战性能

B-1B 的发动机安装在机身下的吊舱中；前机身下有两个小前翼。B 型机改进了航空电子设备和系统，有隐形能力，比如外机身蒙皮上用雷达吸收材料做了涂层，强化了起落架，有固定的进气口，安装了对导航和地形跟踪非常关键的 APG-164 雷达；可以运载制导和非制导武器。B-1B 不仅保留了核攻击能力，还可以部署 GPS 制导武器和传统的炸弹。

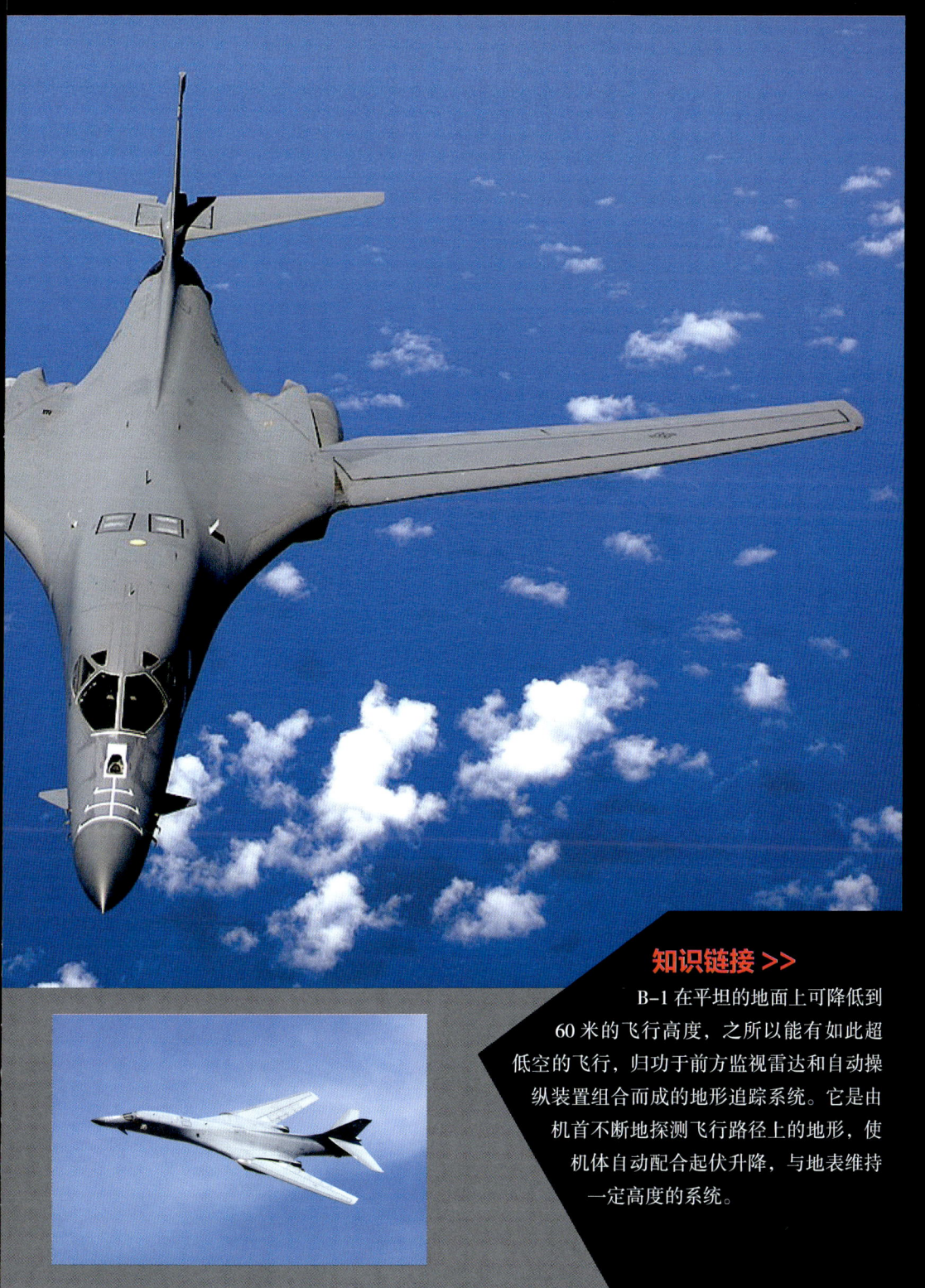

知识链接 >>

B-1 在平坦的地面上可降低到 60 米的飞行高度，之所以能有如此超低空的飞行，归功于前方监视雷达和自动操纵装置组合而成的地形追踪系统。它是由机首不断地探测飞行路径上的地形，使机体自动配合起伏升降，与地表维持一定高度的系统。

▲ B-1B "枪骑兵" 轰炸机

B-2 SPIRIT
B-2 "幽灵" 隐形轰炸机（美国）

■ 简要介绍

B-2 轰炸机，代号"幽灵"，是美国的一种隐形战略轰炸机，是当今世界上唯一一种隐身战略轰炸机，最主要的特点就是具备高隐身能力，使它能够安全地穿过严密的防空系统进行攻击。B-2 每次执行任务的空中飞行时间一般不少于 10 小时，美国空军称其具有"全球到达"和"全球摧毁"能力。

■ 研制历程

20 世纪 70 年代，当时冷战正酣，为能隐秘地突破苏联防空网，寻找并摧毁苏军的洲际弹道核导弹发射基地和其他重要战略目标，美国空军提出要制造一种新的战略轰炸机。

1980 年 9 月，美国空军颁布了 ATB 的方案征询书（RFP），并由洛克希德和罗克韦尔团队，以及诺斯罗普、波音和沃特（LTV）团队竞争。1981 年 10 月 20 日，美国空军宣布诺斯罗普成为 ATB 合同的赢家，制造飞机编号定为 B-2，并签订了 6 架试飞用机和 2 架静态测试机的初始合同，外加 127 架生产型轰炸机的意向订货。1989 年 7 月，原型机首飞；1997 年 4 月，首批 6 架 B-2 轰炸机正式服役。

■ 作战性能

B-2 轰炸机的隐身并非局限于雷达侦测层面，也包括降低红外线、可见光与噪声等不同讯号，使被侦测与锁定的可能降到最低。B-2 的 2 个旋转弹架能携带 16 枚 AGM-129 型巡航导弹，也可携带 80 枚 MK82 型或 16 枚 MK84 型普通炸弹或 36 枚 CBU-87 型集束炸弹，使用新型的 TSSM 远程攻击弹药时携弹量为 16 枚。当使用核武器时，可携带 16 枚 B63 型核炸弹。此外，AGM-129 型巡航导弹也可装载核弹头。

基本参数	
长度	21米
翼展	52.4米
高度	5.18米
空重	71.7吨
最大起飞重量	170.6吨
动力系统	4台涡轮风扇发动机
最大航速	1164千米/小时
实用升限	15.2千米
最大航程	11100千米

知识链接 >>

B-2在空中不加油的情况下，作战航程可达1.2万千米，空中加油一次则可达1.8万千米。B-2轰炸机的隐身性能可与小型的F-117攻击机相比，而作战能力却与庞大的B-1B轰炸机类似。1997年，首批6架B-2轰炸机正式服役。B-2共生产了21架，每架B-2造价为24亿美元，若以重量计算，B-2的重量单位价格比其服役时的黄金市值还要贵2倍~3倍。

▲ B-2具有超强的隐身能力与远距离续航打击能力

MGM-52 LANCE
MGM-52"长矛"地地导弹（美国）

■ 简要介绍

MGM-52"长矛"地地导弹是美国沃特公司（LTV）于20世纪70年代中期为替代美国陆军中的MGM-29"中士"地地导弹和MGR-1"诚实约翰"战术火箭弹而研制的一种能使用W70-3中子核战斗部的中短程战术地地导弹，也是美国陆军最后一种核战术弹道导弹。

■ 研制历程

W70-3中子战斗部于1974年开始研制，同年9月因政治原因被搁置，1978年11月恢复研制。一些中子弹正式投入生产，并开始将其装载飞机、导弹和炮弹，作为有效的战术核武器。

1981年，首批W70-3生产型问世。为了加强军备，美国政府方面下令生产"长矛"飞弹的中子弹头和203毫米榴弹炮的中子炮弹。

从此，美军可在30千米以内和近距范围用155毫米、203毫米榴弹炮发射中子炮弹；在130千米范围内，便可用"长矛"地地导弹携载W70-3中子弹头；在更远的距离上，则可使用"潘兴"Ⅱ式导弹和"战斧"。

1973年9月，第一个"长矛"战术地地导弹营被部署在欧洲。至1983年，美国军方共生产带中子弹弹头的"长矛"战术导弹945枚。

基本参数	
弹径	0.56米
弹长	6.1米
全重	1.29吨
速度	3675千米/小时
升限	45千米
射程	130千米

■ 作战性能

"长矛"导弹的操作和维护性远远超过"中士"导弹，它反应速度很快（不到15分钟），由于体积小，各单位可以装备更多的导弹。其中，中子弹款的"长矛"导弹安装专门为其研制的W70-3型可变当量热核战斗部，W70-3的爆炸威力有两挡：一挡略低于0.1万吨TNT当量，一挡高于0.1万吨TNT当量，甚至可以达到10万吨TNT当量。

知识链接 >>

当量就是爆炸时产生的能量相对于 TNT 炸药的对应值。TNT 炸药的数量又被作为能量单位,每千克可产生 420 万焦耳的能量,1 吨 TNT 相当于 4200 兆焦耳,1000 吨相当于 4200 千兆焦耳。举个例子:"100 万吨当量的核弹头",意思就是说,此核炸弹爆炸时产生的能量相当于 100 万吨 TNT 炸药爆炸产生的热量。

▲ MGM-52 "长矛" 地地导弹

核电磁脉冲弹（美国）

NUCLEAR ELECTROMAGNETIC PULSE

■ 简要介绍

核电磁脉冲弹是美国首先研制出的一种尖端核武器。它在高空爆炸后释放出极强的γ射线，使空气发生电离后产生的电子以光速离开爆心。爆心周围聚集了大量正离子，形成强电磁场，电磁场高速向外辐射，产生强电磁脉冲，作用到电子系统、电子设备、通信系统中，可产生很高的瞬时电压和电流，从而造成毁坏或瞬时干扰。

■ 研制历程

1963年7月9日，美国在太平洋的约翰斯顿岛上空4千米处进行空爆核试验后，距翰斯顿岛约1400千米的檀香山却陷入一片混乱：防盗报警器响个不停，街灯熄灭，动力设备上的继电器一个个被烧毁……

当时人们还不知道这是什么原因，后来经过几年的研究才发现这是氢弹爆炸所产生的电磁脉冲造成的。美国军事专家看到了这种由核爆炸产生的瞬时电磁脉冲的军事价值，从20世纪60年代至21世纪初，不遗余力地研究如何增强核爆炸时产生的电磁脉冲效应而抑制其他几种效应，他们把这种能产生强大电磁脉冲的武器称为电磁脉冲弹。

▲ 电磁脉冲模拟器

■ 作战性能

氢弹爆炸时，早期核辐射中的α射线会与周围介质中的分子、原子相互作用，激发并产生高速运动的电子（康普顿效应），大量高速运动的电子形成很强的电场。在爆心几千米范围内，电场强度可达到每米几千伏到几万伏，并以光速向四周传播。它的作用范围随着爆高的增加而扩大。当量1000万吨的氢弹如在4千米高空爆炸，可影响整个欧洲。

知识链接 >>

电磁脉冲灾害有自然的和人为的两大类。和平时期，各种自然的电磁脉冲危害时有发生。全球每年因雷电电磁脉冲导致信息系统瘫痪等事故频繁发生，卫星通信、导航、计算机网络乃至家用电器都会受到雷电电磁脉冲的严重威胁。

▲ 核电磁脉冲效果图

MGM-134 "侏儒" 小型洲际弹道导弹

（美国）

■ 简要介绍

MGM-134 "侏儒"是美国"总统战略力量委员会"于 1983 年提出研制要求，由马丁·马丽埃塔为主的数家公司共同研制的公路机动的小型固体洲际弹道导弹。它可携带一枚爆炸威力为 47.5 万吨的 W87-1 型热核战斗部，主要用于打击导弹地下井这一类硬目标，并且凭借机动性，提高导弹发射前的生存能力。"侏儒"以公路机动发射为主，其发射平台是特殊的全封闭式加固机动发射车（HML），这使其在危急时刻能够分散部署。

■ 研制历程

1983 年 4 月 11 日，美国"总统战略力量委员会"成立。随后美国空军提出，希望发展一种公路机动的小型固体洲际弹道导弹，作为对固定发射井的 LGM-30 "民兵"和 LGM-118 "和平卫士"大型洲际弹道导弹的补充，因为这种大型洲际弹道导弹机动性差，生存能力不够。

1986 年 12 月，马丁·马丽埃塔公司获得 XMGM-134A "侏儒"导弹的发展合同。1987 年，"侏儒"导弹计划进入全面研制阶段，1988 年年末开始首次飞行试验，1992 年试飞成功，表明其具备作战能力，正式被命名为 MGM-134。

基本参数	
弹径	1.17 米
弹长	16.15 米
全重	16.8 吨
射程	12000 千米

■ 作战性能

"侏儒"导弹主要特点是三级固体火箭发动机均采用高能硝酸酯增塑聚醚复合药柱，壳体用高强度石墨/环氧树脂复合材料；采用轻型高级惯性参考加中段和末段修正的全程制导，或环形激光陀螺及星光制导。该弹可携带一枚爆炸威力为 47.5 万吨的 W87-1 型热核战斗部，配备一个 MK21 单弹头载具。由于单弹头内装有先进的突防装置，可自行机动以避开反弹道导弹的拦截。

▲ "侏儒"洲际弹道导弹

▲ 运载 MGM-134 "侏儒"小型洲际弹道导弹

知识链接 >>

1992年,"侏儒"导弹试飞成功。正当其随时准备服役之时,两件大事让"侏儒"导弹突然下马:一是苏联解体,美国失去了军事层面上最大的竞争对手;二是受"美俄关于进一步削减和限制进攻性战略武器的协议"的影响,美国不得不在战略导弹的储备上进行大幅度的削减。最终,"侏儒"导弹的研制计划于1992年3月停止。

USNS GENERAL HOYT S. VANDENBERG
"范登堡将军"号航天测量船（美国）

■ 简要介绍

"范登堡将军"号航天测量船的主要任务是跟踪和遥测各种中程及远程导弹、卫星和飞船；精确测定其着落点和回收导弹头锥体、卫星仪器舱、飞船座舱等。

■ 研制历程

美国是最早发展航天测量船的国家。1957—1963年间建造的测量船，排水量一般在万吨左右，船上设备比较简单，主要任务是跟踪导弹和卫星。1964—1966年间主要服役的是2艘跟踪要求较高的综合性测量船——"范登堡将军"号和"阿诺德将军"号，主要任务是收集弹道导弹终端数据和进行再入段测量。

由于测量任务的变化，并且测量精度要求提高，船上系统逐渐增多，日趋完善。美国的测量船，如"范登堡将军"号上，最初只有几个系统，后来的测量船增至9个系统，甚至13个系统。

基本参数	
舰长	159.36米
舰宽	21.79米
吃水	7.32米
速度	17节/小时
满载排水量	17250吨

■ 结构性能

大量电子设备装船后，除要考虑合理配置外，还要重视电磁兼容性的问题。美国测量船"范登堡将军"号9个系统在28个位置上装了540个电子设备，联结系统需80千米长电缆和大量导线架，电子设备非常密集。测量船的主要设备是测量系统，尤其要重视提高系统的测量精度。

知识链接 >>

　　航天测量船的发展是随着航天事业的开展而发展起来的,因此它的未来发展前途在很大程度上取决于今后航天事业的发展方针。鉴于航天测量船上比较集中地装上了当代最先进的科技产品,人们有时亲切地称它为"海上科学城"。

▲ "范登堡将军"号航天测量船

AN/TPY-2 陆基 X 波段雷达（美国）

■ 简要介绍

AN/TPY-2 雷达属于美国 THAAD 高空区域导弹防御系统的标准配置，属于固体有源相控阵多功能雷达，是世界上性能最强的陆基反导探测雷达之一，也是一种可进行移动部署的反导相控阵雷达系统，是执行本土和战区导弹防御的高能力传感器。

■ 研制历程

最初 AN/TPY-2 雷达是为 THAAD 系统研制的，而 THAAD 系统主要为满足大气层内外拦截 3500 千米内中程弹道导弹目标的要求，因此其必须具有高度的战术机动性，为此，该雷达设计为长约 13 米、重为 34 吨。虽然它与其他战术拦截系统雷达相比体积更大，但与其兼顾的战略预警雷达相比，系统体积显著缩小，并采用模块化设计，有很强的地面机动性，可采用舰船、火车或拖车进行点对点运输，还可根据作战需要，由 C-5 或 C-17 运输机空运至指定地点，在全球范围内快速机动部署，部署后可通过公路机动变换阵地，躲避空中打击。

基本参数	
工作波段	X波段（9.5GHz）
天线阵面积	9.2 平方米
电扫范围	0°~50°
最大探测距离	1平方米约1200千米
雷达长度	约13 米
重量	34 吨

■ 结构性能

美军对该型雷达进行了升级改造，升级后对雷达反射面积 1 平方米的目标最大探测距离可达到 2300 千米。虽然这明显短于美军陆基中段系统使用的陆基 X 波段雷达（GBR-X）6700 千米探测距离，但该雷达在地面机动雷达中明显占有优势，也比"爱国者"等系统使用的 AN/MPQ-53 和 AN/MPQ-65 雷达探测距离远了 10 倍。

▲ AN/TPY-2 陆基 X 波段雷达

知识链接 >>

武器系统，基本上可以归结为以进攻为代表的"矛"式武器和以防守为代表的"盾"式武器。陆基雷达属于"盾"式武器，是一种 X 波段的高精度、多功能雷达，主要执行三方面任务：一是对来袭目标进行监视、跟踪和识别；二是引导陆基拦截导弹飞向目标；三是对拦截结果进行评估。

AN/FPS-108 "丹麦眼镜蛇"雷达

(美国)

■ 简要介绍

AN/FPS-108"丹麦眼镜蛇"是一部巨大的大功率相控阵雷达。"丹麦眼镜蛇"于1977年投入使用,起初的主要任务是监视苏联的弹道导弹试验,辅助预警和空间监视。20世纪90年代初,美国对"丹麦眼镜蛇"进行了一次大的改进,并在随后进行多次改进。

■ 研制历程

1994年4月之前,"丹麦眼镜蛇"一直和空间监视网络(SSN)连接,是空间监视网络的一部分。后来由于预算的原因,它与空间监视网络通信中心的连接被关闭了。在此之前,操作过程限制了它可检测的空中目标的尺寸。后来在1999年进行的试验证明了它在跟踪空间小碎片方面的能力,因此于1999年10月,它又被重新连接到了空间监视网络。但是为了降低运行成本,"丹麦眼镜蛇"将占空比从6%降至1.5%,其功率降为额定功率的1/4,以便减少发射功率。

■ 作战性能

当有弹道导弹试验时,它能够在30秒内恢复到全功率工作状态。从2003年3月开始,"丹麦眼镜蛇"重新开始全功率工作,成为空间监视网络中的一个探测器。"丹麦眼镜蛇"还被纳入了美国陆基中段防御(GMD)国家导弹防御系统。"丹麦眼镜蛇"雷达的天线直径为29米,共有34768个单元,其中15360为有源单元,其余为无源单元。

基本参数

天线直径	29米
雷达系统	PESA相控阵雷达 L波段频率工作
建造	雷声公司
雷达探测距离	3200千米
方位角	136°
雷达高度	36.6米

知识链接 >>

2000 年，"丹麦眼镜蛇"能够探测到 14000 千米以外的目标，但是使用的软件是专门为跟踪轨道周期超过 225 分钟的目标而设计的。2003 年，"丹麦眼镜蛇"以全功率运行，支持大空间范围搜索防卫，从而继续其作为"主要导弹情报搜集者"的角色，结果迅速为空间监视网的分析库增加了数千目标，但大部分目标后来被取消了。

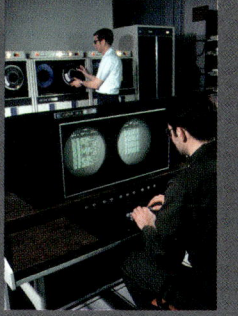 

▲ 数据处理中心的工作人员

SEA-BASED X-BAND
美国海基X波段雷达（美国）

■ 简要介绍

美国海基X波段雷达，由一个安装在海上平台的先进雷达系统构成。作为导弹防御署陆基中段防御（GMD）项目的一个组成部分，由美国两家航空航天制造业巨头波音公司和雷西昂公司联合研制。

■ 研制历程

该雷达架设在一个巨大的海上平台上，这个平台由挪威设计、俄罗斯制造的移动海底石油钻探平台改造而成，属于半潜水、半推进平台，其底部是两个平行船体，每个船体上有3根巨大支柱，共同支撑顶部平台。整个系统排水量达5万吨，相当于一艘中型航空母舰。从海面到雷达顶部距离80米，相当于28层楼的高度。平台长119米，宽约72米，大小超过一个足球场，并装配居住舱、工作间、发电站、驾驶室，以及一体化战斗指挥控制和通信系统。半潜式平台推进器采用6台3.6千瓦的发电机，安置在2个舱内，可以根据需要部署到全球各个海域。

基本参数	
平台长度	116米
平台高度	从龙骨到天线罩顶部的高度为85米
成员编制	约75名
雷达探测距离	2000千米
排水量	5万吨
天线面积	384平方米

■ 结构性能

该雷达系统主要用于监视近太空空间，辨别来袭的各种弹道导弹分弹头及假目标，通过海洋及大陆，向位于科罗拉多沙漠沙延山下深处的北美空天战略防御指挥中心实时传输信息。该雷达可以对来袭的远程弹道导弹进行跟踪、识别和评估。它可以将数据发送给GMD的其他部分，从而方便陆基拦截器对导弹进行拦截。

▲ 美国海基 X 波段雷达

知识链接 >>

雷达全重 2000 吨，由最现代化的相控阵天线构成，共有 69632 个多频收发模块，雷达圆顶可以旋转。巨型反导雷达装配在一个巨大的海上平台上，这个平台由海底石油钻探平台改进而成。巨型反导雷达系统最大的特点是能够在水面上航行，不用拖船，自动驶往部署基地，航速可达到 13 千米/小时。

PAVE PAWS
"铺路爪"雷达（美国）

■ 简要介绍

"铺路爪"相控阵雷达是美国20世纪70年代为应对洲际导弹威胁而研制的远程预警系统，其主要用于战略性防卫任务。

■ 研制历程

1980年年初投入战备的第一代"铺路爪"雷达，在20世纪90年代陆续开始更换，2009年后，雷神公司开始对比尔空军基地的第二代"铺路爪"雷达实施升级，第三代的"铺路爪"雷达美军代号为FPS-132。FPS-132以全新的主动相位阵列架构收发模组、信号处理器、后端分析软件，支援陆基中段防御系统。目前FPS-132已有3座处于运作中（比尔空军基地、格陵兰图勒空军基地、英国飞行峡谷皇家空军基地），阿拉斯加科利尔空军基地在2012年秋季签约升级，科利尔空军基地的升级合约在2013年签订。

▲ "铺路爪"雷达

基本参数

天线直径	22.1米
雷达系统	有源阵列；1792个发射元件
方位角	240°
雷达探测距离	3000千米~5550千米

■ 结构性能

"铺路爪"雷达采用双面阵天线，工作频率420兆赫~450兆赫，探测距离一般为4800千米，对高弹道、雷达截面为10平方米的潜射弹道导弹的探测距离可达5550千米。雷达峰值功率582.4千瓦，平均功率145千瓦，全部设备都安装在32米高的多层建筑物内，两个圆形天线阵面彼此成60°，每个阵面后倾20°，直径约30米，由2000个阵元组成，扫描一次所需时间为6秒，平均无故障工作时间可达450小时，平均修复时间为1小时。

▲ 1986年，科德角"铺路爪"计算机房

知识链接 >>

预警雷达属于一种远距离搜索雷达，一般采用12兆瓦以上的超高发射功率，要有高几十米、宽几百米的电动扫描天线阵列，工作频率在超高频（UHF）和甚高频（VHF）波段，用以减少大气的损耗。因此作用距离可达几千千米，再配上相应的高性能计算机数据处理系统，能在搜索的同时跟踪100个~200个目标。

DEFENSE SUPPORT PROGRAM
导弹预警卫星（美国）

■ 简要介绍

导弹预警卫星是在人造卫星上天之后开始研制的。美国在20世纪60年代初最先发射预警卫星。这种卫星运行在宇宙之中，不停地盯住不断变化的地球。卫星上的红外探测器对导弹喷焰特别敏感，它能在千里之外遥"看"导弹的发射，并把核袭击的危险信息及时发回地面防空中心，从而赢得宝贵的半小时预警时间。

■ 研制历程

1971年5月，美国发射了第一枚导弹预警卫星。该卫星重0.94吨，其头部的红外望远镜可在导弹起飞后90秒内探测到火箭喷焰，并在2分钟~3分钟内将警报发回美国。目前，这种第一代导弹预警卫星已全部淘汰。

20世纪70年代末，美国研制成功并发射了第二代导弹预警卫星，共发射了8枚，每枚重1.68吨。

目前，第二代导弹预警卫星又称为国防支援计划卫星，1972年投入使用，目前在轨服役的是第二代、第三代导弹预警卫星。一般情况下，在地球静止轨道上保持有5枚，其中3枚工作，2枚备用。

基本参数	
重量	2.38吨
轨道高度	35900千米
高度	在轨10米；发射时8.5米
直径	在轨6.7米；发射时4.2米
首次部署时间	1970年代
电力供应	太阳能电池板

■ 性能表现

自1971年以来，美国部署在大西洋上空的4枚地球同步预警卫星共探测到全世界1000多次导弹发射，其中包括苏联的SS-18、SS-19洲际导弹和SS-N-8导弹的发射。星载红外探测器在导弹发射后90秒内就能探测到导弹，并一直跟踪到导弹发动机熄火为止，所获信息经过中继通信卫星转发，在3分钟内就可传送到地面。

知识链接 >>

1991年，美国的预警卫星提供了伊拉克"飞毛腿"弹道导弹的发射信息，为"爱国者"导弹拦截"飞毛腿"奠定了基础。巡视千里的预警卫星，地面上微乎其微的情况都可以侦察到，能及时发现地球上的导弹发射，并准确发回敌情，降低了被突然袭击的危险。

▲ 导弹预警卫星

RORTABLE NUCLEAR BOMB
便携式核炸弹（美国）

■ 简要介绍

便携式核炸弹是一款背囊式的原子弹，20世纪60年代由美国研制成功。便携式核炸弹体积小，可以直接放在背包里带在身上，非常方便。其威力等同0.1万吨炸药。1989年，美国国防部和能源部宣布便携式核炸弹正式退役。

■ 研制历程

20世纪50年代，美国时任总统艾森豪威尔提出"新面貌"战略，通过使用核武器和大规模报复手段进行回击的威胁，来劝阻苏联不要贸然发动进攻。为了能够获得更多选择，美国采纳了"有限核战争"的概念，并开始着手设计专门的"小型"核武器，特种原子爆破装置（SADM），便携式核炸弹就是其中之一。该核炸弹高18英寸（46厘米），套在铝和玻璃纤维制成的外壳里。容器一端呈钝锥形，另一端装有控制面板。据已经解密的操作手册介绍，其最大爆炸当量为千吨TNT级别。为防止被滥用，控制面板被带有密码锁的盖板罩住，锁上涂有夜光剂，便于夜间输入密码。

▲ 手提箱式核炸弹

■ 结构性能

为了可以从空中、陆地和海上接近目标，美军特种部队和陆军工程兵团的多个部队在世界范围内进行了操控这种背包式核炸弹的演习训练，从空降敌后、核炸弹运输、士兵的具体操作，到安装核炸弹后的撤退等种种细节都已经演练成熟，可以随时行动，在必要情况下对敌方军队进行致命一击。

知识链接 >>

1964年，美军特种部队准备对华约国家使用SADM，破坏部分国家机场、坦克集群、防空网络和运输设施。到1989年，美国国防部和能源部宣布便携式核炸弹正式退役。曾经装有SADM的容器现置于位于美国新墨西哥州阿尔伯克基市的美国国家核科学与历史博物馆中。

▲ 背包式核炸弹

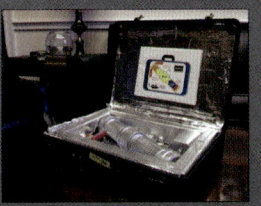
▲ 手提箱式核炸弹

STRATEGIC DEFENSE INITIATIVE

星球大战计划（美国）

■ 简要介绍

星球大战计划，亦称战略防御计划，是美国在20世纪80年代提出的一个反弹道导弹军事战略计划。该计划源自美国总统里根在冷战后期的一次著名演说，旨在维持与苏联的核优势，同时也凭借美国强大的经济实力，通过太空武器竞争，把苏联经济拖垮。

■ 背景源起

1981年，里根召集30多位著名科学家、经济学家、高级工程技术人员和军事战略家组成研究小组，对"高边疆"战略进行研究，并于1982年3月正式确认了这一战略。这项战略的主要目的在于利用美国的高技术优势，建立空间武器系统，提供对付战略核武器攻击的空间防御手段，以消除苏联日益加剧的核威胁。与此同时，加紧开拓太空工业化领域，以获取宇宙空间的丰富资源。1984年1月，里根正式批准"星球大战计划"。这年夏天，"星球大战计划"开始进入全面研究阶段。

▲ 1983年，里根发表关于"星球大战"的演讲

■ 组成计划

"星球大战计划"是一个以宇宙空间为主要基地，由全球监视、预警与识别系统，拦截系统，以及指挥、控制和通信系统组成的多层次太空防御计划。在武器方面，是一个由定向能武器、动能武器、各种雷达和传感器、微电子和计算机设备等组成的耗资巨大、结构复杂的武器系统。在高技术方面，它是一个包括火箭技术、航天技术、高能激光技术、微电子技术、计算机技术等在内组成的高技术群。

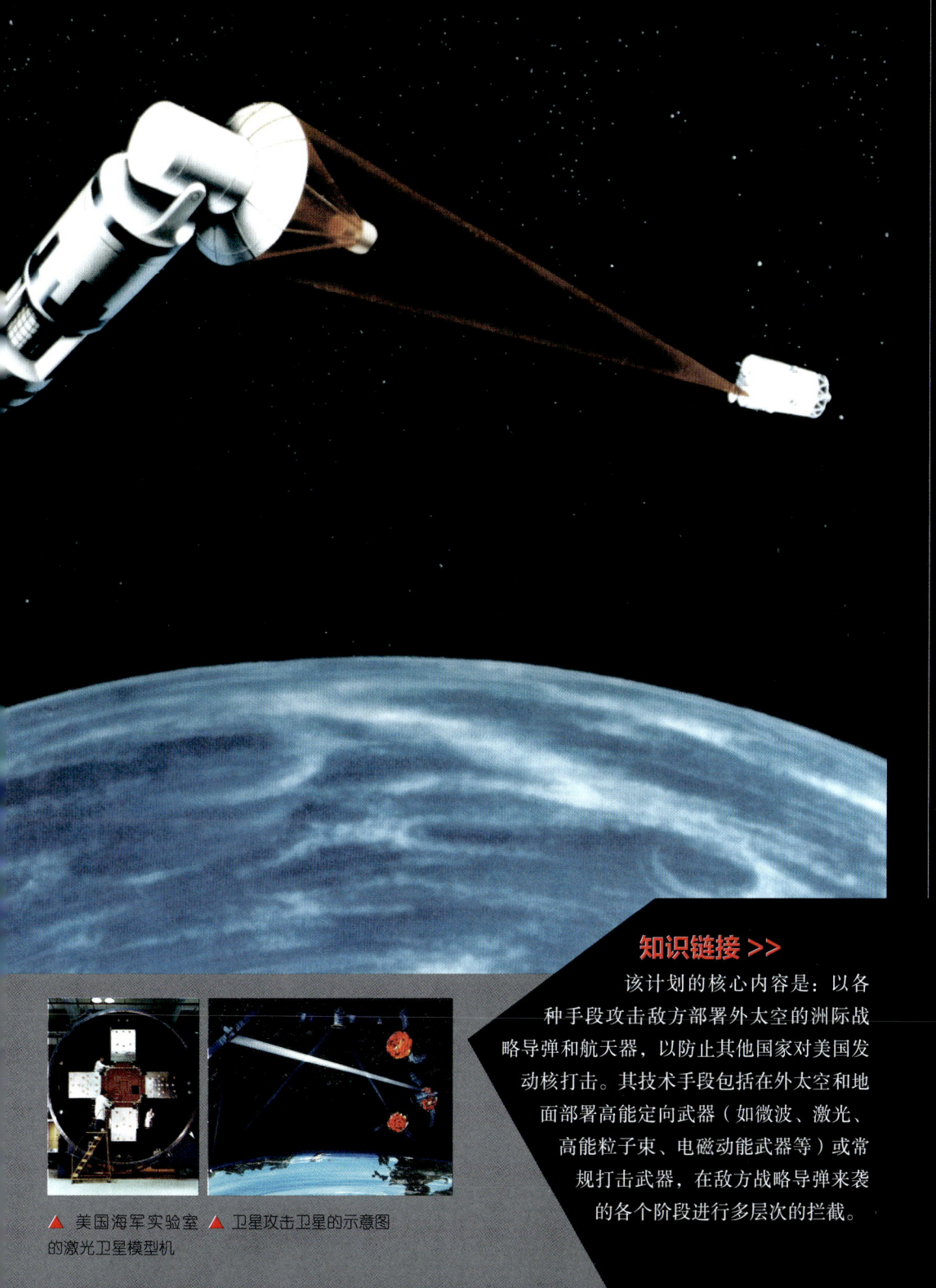

▲ 美国海军实验室的激光卫星模型机　▲ 卫星攻击卫星的示意图

知识链接 >>

该计划的核心内容是：以各种手段攻击敌方部署外太空的洲际战略导弹和航天器，以防止其他国家对美国发动核打击。其技术手段包括在外太空和地面部署高能定向武器（如微波、激光、高能粒子束、电磁动能武器等）或常规打击武器，在敌方战略导弹来袭的各个阶段进行多层次的拦截。

SHIPBOARD LASER WEAPON SYSTEM
舰载激光武器系统（美国）

■ 简要介绍

舰载激光武器系统是美国海军于20世纪90年代在放弃中波红外高级化学激光武器后，推出的高能自由电子激光武器。美国海军此举引起各国广泛关注，也标志着其舰载高能激光武器进入一个面向21世纪的全新发展阶段。

■ 研制历程

美国海军舰载高能激光武器研制可追溯到20世纪70年代初。1987年，美国海军着手研制MIRACL中波红外高级化学激光武器。冷战结束后，美国海军作战重点从远洋转移到沿海区域，作战环境发生了巨大变化。为适应这种变化，美国海军要求调整高能激光器计划，制订进一步研制舰载高能激光武器的新计划。

这项新计划的重要一步是重新选定适合在沿海环境下使用的最佳波长。经过研究，最终倾向于选择1.6微米波长为适于沿海环境下的最佳波长。1996年，美国海军决定转向研制自由电子激光器，平均功率已达500瓦。这就是其新型的舰载激光武器系统。

■ 性能特点

虽然激光技术很复杂，但其工作过程可以描述为：在自由电子激光系统中，一个粒子加速器将自由电子（那些不被原子束缚的，自由移动的电子）加速到高能级，接着电子束被送进一个磁场，在磁场的作用下电子上下跃迁，释放出光子。激光器发出的光不似电灯泡发出的光那样可散射，而是保持一条直线。大功率的自由电子激光器可以用来为舰船提供防护，击毁敌方船只或导弹。

▲ "庞塞"号激光武器系统

知识链接 >>

2014年8月，美国海军在"庞塞"号两栖船坞运输舰上率先安装了第一部30千瓦激光武器。2018年7月中旬，"庞塞"号在波斯湾进行了海上激光武器试验，击落了1架无人机，整个打击过程精准高效且隐秘无声。

▲ 激光武器系统毁伤效果

AIRBORNE LASER WEAPON SYSTEM

机载激光武器系统（美国）

■ 简要介绍

机载激光武器系统是美国空军研发的最新型特殊武器，它可利用定向高能激光束对远距离目标进行有效毁伤，具备发射速度快、打击精度高、拦截距离远、抗干扰能力强、使用成本低等不可替代的优势。

■ 研制历程

在激光武器实战化方面，由于激光武器在飞机上适装门槛高，美国空军远远落后于陆军和海军。美国空军计划先从较大型的平台，如C-17和C-130运输机等开始测试激光武器，直到加装到F-22和F-35等战斗机上，将用于空地作战和导弹防御。早在2006年1月，美国空军就把一架C-130H运输机根据先进战术激光项目进行改装。

经过多年研制，2017年3月，美国洛克希德·马丁公司已经正式开始向美国陆军交付一款60千瓦级激光器，这种激光武器系统由多台光纤激光器组成，将多个单光纤激光器结合，可以生成更强大的激光束，大大增加激光器的功率。在试验中，其输出的功率达到58千瓦，电光转换效率高达45%，是这一级别激光器最大输出功率的世界新纪录。

■ 作战性能

机载激光武器要有相应技术支撑并满足很多条件，是激光武器实战化的明珠，比如功率要达到武器级标准，即100千瓦以上，单模光纤激光器功率要很高，要具备先进的光束合成技术，要有先进的瞄准跟踪系统和自稳定平台，等等。

基本参数	
激光器	100千瓦级化学氧碘激光器
战术范围	20千米
重量	5吨~7吨
载体	C-130H大力神运输机

知识链接 >>

相对于动辄几十、上百万美元的传统导弹等武器，激光武器的优势是十分明显的。其发射一次的成本非常低，同时还可通过智能终端光束的距离和大小，在有限的电力提供范围内，造成最大的杀伤效果。

▲ 美国空军波音 NKC-135A 机载激光实验室

ELECTROMAGNETIC RAIL GUN
电磁轨道炮（美国）

■ 简要介绍

电磁轨道炮依靠电磁导轨抛射弹丸，不需要火药或其他炸药。普通枪炮中，弹丸在火药点燃片刻后便失去了加速度。而电磁轨道炮的弹丸在通过近10米长的炮管的过程中不断加速，最终以7200千米/小时（约6倍声速）的速度离开炮口。

■ 研制历程

美国海军研发电磁轨道炮的初衷，是制造一种进攻性武器，使其能够洞穿敌方舰壁、摧毁坦克、将恐怖分子的营地夷为平地。但五角大楼的一些官员注意到了它的另一种潜能——在不到10年的将来，可拦截敌方导弹。从广义来讲，美军未来的挑战，将是在海军船只和陆军部队双双裁减的情况下，保持其全球部署。美国海军从10年前就开始研发电磁轨道炮，已经在该项目上花费了超过5亿美元。五角大楼继续投资8亿美元，用于开发其防御功能，以及使其高科技弹丸能够适配于现役炮种。这是五角大楼所有项目中投资最高的一笔。

■ 结构性能

尽管让电磁轨道炮具备拦截导弹的能力，还有至少10年的路要走，其弹丸却能更快投入使用。钨制弹头比许多钢铁都坚硬，并且每枚的成本很可能为2.5万~5万美元，相比造价1000万美元一枚的现役拦截导弹便宜太多。测试证明，以火药大炮发射时，这种弹丸的炮口速度低于电磁轨道炮，但仍然能够达到4500千米/小时，这使得现役大炮的射程和威力显著提升。

▲ 电磁轨道炮发射弹丸瞬间

知识链接 >>

电磁轨道炮弹丸，迷你的身材是一大优势。美军一艘典型驱逐舰最多可以装载96枚导弹，而一艘配备电磁轨道炮的舰艇，有可能备弹1000枚。这使得在执行拦截导弹或攻击敌军任务的舰艇能以更快的频率开火，并能长时间作战。

▲ 电磁轨道炮复杂的供电系统

RDS-1 PUMPKIN
RDS-1 "南瓜" 核炸弹（苏联）

■ 简要介绍

RDS-1 "南瓜"（俄文音译"铁克瓦"）核炸弹是苏联于 1949 年研制出的第一枚核炸弹，以钚-239 为核填料。同年 8 月 29 日凌晨 4 时，"南瓜"原子弹在大气层中试爆成功。自此，苏联打破了美国的核垄断，成为世界上第二个拥有可用于实战的原子弹的国家。

■ 研制历程

1942 年，苏联获得美国的"曼哈顿计划"情报，同时，地质专家在车里雅宾斯克、兹拉托乌斯特地区建立了一个特殊的原子研究中心，以"第二实验室"为代号，决定用钚代替铀作为原子弹的主要原料。

1943 年 9 月，苏联在西伯利亚湖心岛完成了第一次核爆炸。1945 年年底，苏联领导人亲自为核项目重新命名"鲍罗金诺"，库尔恰托夫被任命为首席科学家；次年 12 月 25 日，库尔恰托夫领导的核反应堆里获得受控链式反应。

1948 年，苏联最高领导命令必须在 1949 年年底前制造出第一批供试验用的原子弹。1949 年春，苏联人获得了足以制造原子弹的钚。他们为即将造成第一枚钚充料的原子弹命名为"铁克瓦"，意即"南瓜"。

基本参数	
弹径	1.5 米
弹长	3.3 米
全重	4.7 吨
装药类型	钚-239
TNT当量	2.2 万吨

■ 试爆成功

1949 年 8 月 29 日凌晨 4 时，"南瓜"核炸弹在大气层中试爆成功，巨大的蘑菇云在哈萨克草原上空迅速膨胀并盘旋上升。9 月 9 日，一架美国空军 B-29 飞机在日本上空飞行时，突然自动追踪设备捕捉到异常目标——远远飘过来的一朵可疑的云彩。它十分稀薄，几乎没有水蒸气，但有一些极其微小的固体颗粒。经过取样，该"云"来自苏联。同时美国海军中一位科学家在雨水中找到了核裂变产物铈-141 和钇-91。

▲ 库尔恰托夫与"南瓜"核炸弹

知识链接 >>

库尔恰托夫（1903—1960），苏联物理学家，苏联核科学技术的组织者和领导者，苏联科学院院士。在他的领导下，建造了苏联第一台回旋加速器，欧洲第一座原子反应堆，造出了苏联第一枚原子弹，第一枚氢弹，并建造了世界上第一座原子能发电站。由于他对国家的卓越贡献，曾获社会主义劳动英雄称号。

T-5 型核鱼雷（苏联）

■ 简要介绍

T-5 型核鱼雷是苏联军方于 20 世纪 50 年代中期专门为海军潜艇研制的第一种核武器，核弹头爆炸威力达 3000 吨 TNT 当量。该武器在短时间内很好地填补了苏联海军核战略的设定空白。然而，由于它存在存储和保障条件苛刻、战斗准备时间长、战术发射战位潜深小等缺点，因此实际产量并不算大，于 20 世纪 60 年代末停产并逐步退役。

■ 研制历程

1951 年，苏联军方在一次试验中，用图 -4 轰炸机成功试投了原子弹。然而，如果是在实战条件下，使用图 -4 核攻击美国本土却存在一些战术技术上的问题。于是，苏联人很快将目光投向了本国的强项——潜艇，计划制造核鱼雷。

1953 年年底，第 6 局提出了有关 533 毫米口径远航程核战斗部鱼雷的战术技术指标任务，即后来的 T-5。

有多家单位参加了 T-5 的研制，其中最主要的研制单位包括核鱼雷的总体研制单位 400 科研所，以及核战斗部和自动化部分的研制单位，苏联中型机械工业部第 11 设计局（今俄联邦核中心）。此后至 1957 年，先后进行了多次深水和陆上发射试验，随后投入生产。

基本参数

口径	533毫米
雷长	7.92米
全重	2.2吨
航速	40节
航程	10千米
TNT当量	0.3万吨~3.2万吨

■ 测试表现

1955 年 9 月 21 日，为了检验 T-5 型核鱼雷爆炸冲击波对军舰的影响，苏联在北极圈内新地岛南端的黑湾进行了第一次核试验。试验场的平均水深为 35 米，最大水深为 70 米，目标上总共安装了 100 个传感器。结果除拖船本身被炸得粉碎外，一艘 300 米距离处的靶船在核爆中沉没，其他目标都遭到不同程度的损坏。此外，相互距离较近的船只所受的损坏也较大。

▲ 吊装 T-5 型核鱼雷

知识链接 >>

1958 年，T-5 型核鱼雷正式列装苏联海军，成为苏联海军装备的第一种核武器，可承担反舰和反潜任务，并成为用于海洋战区执行战役战术任务（首先是与敌大型水面战舰和潜艇作战）的苏联多用途核潜艇上核鱼雷的鼻祖。

RDS-220"大伊万"氢弹（苏联）

■ 简要介绍

RDS-220"大伊万"代号"伊凡"，又称"沙皇炸弹"，是苏联于1961年爆炸的大型核炸弹，也是目前世界上引爆过的当量最大的核炸弹（氢弹），其爆炸威力约为5000万吨TNT当量。

■ 研制历程

1952年11月，美国在太平洋的比基尼岛上进行了初次氢弹试验。1954年苏联成立了以科学院院士库尔恰托夫、萨哈罗夫、哈里通为首的"克勃-11"实验室，开始研制亿吨级的超级氢弹，研制人员称其为"大伊万"。

1954年7月，苏联政府决定在位于北极圈内的新地岛修建核试验场。1957年9月，苏联使用轰炸机在该地区首次空投了爆炸威力为160万吨TNT当量的氢弹。之后至1958年，苏联先后在新地岛进行了20多次核试验。不久，美、苏两国开始了禁止核试验的谈判，"大伊万"计划被迫终止。

后来美、苏关系又陷入紧张，苏联领导人下令立即重启计划。开始时，计划重量为40吨，爆炸当量1亿吨TNT；但实在无法将此巨大炸弹送上"图-95"战略轰炸机，于是只得让"大伊万"至少"减肥"14吨。

基本参数	
弹径	2.5米
弹长	12米
全重	26吨
TNT当量	5000万吨

■ 爆炸实况

1961年10月30日，图-95战略轰炸机载着"大伊万"氢弹飞抵新地岛。在15千米高空投下，3张降落伞几乎同时张开。图-95以最快的速度在之后离开了投弹地点并在氢弹爆炸前飞出了250千米。11点32分，在新地岛上空4000米高度，发生了人类历史上最大威力的一次爆炸。

▲ "沙皇"核炸弹

▲ "沙皇"核炸弹爆炸试验产生的巨大弹坑

知识链接 >>

萨哈罗夫（1921—1989），生于莫斯科，闻名于核聚变、宇宙射线和基本粒子等领域的研究，曾主导苏联第一枚氢弹的研发，被称为"苏联氢弹之父"。萨哈罗夫也是人权运动家，是公民自由的拥护者，支持苏联改革。他在1975年获得诺贝尔和平奖。

SS-N-3 SHADDOCK
SS-N-3"柚子"核巡航导弹（苏联）

■ 简要介绍

　　SS-N-3"柚子"是苏联第 52 联合实验设计局（OKB-52）于 20 世纪 50 年代初研制的苏联第一代核弹头巡航导弹，布置在潜艇上。当时设计是为了对付美国西海岸的目标，但这款射程约 300 千米的导弹无法对抗美国强大的反潜能力，因此 2 年后就改变为发展型 SS-N-3B，作为岸舰防御导弹，出口其他国家。

■ 研制历程

　　1953 年 3 月，苏联海军开始设计新型巡航导弹，工程型号为 P-5（P-5 实际指整个导弹系统）。

　　1955 年，苏联政府改组第 52 联合实验设计局（OKB-52）。同年，苏联海军决定采纳 P-5。1957 年，P-5 进行了首次试射；1959 年 6 月，第一枚导弹交付苏联海军，部署在改装过的 613 型（W 级）柴电潜艇上。1961 年，切洛梅伊推出了 P-5 的改进型 P-5D，稍后又在 P-5D 基础上推出了改进的 P-5K，即 SS-N-3C 型核巡航导弹。

基本参数	
弹径	0.98 米
弹长	11.75 米
全重	5.4 吨
巡航速度	1103 千米 / 小时
最大射程	750 千米

■ 结构性能

　　SS-N-3 采用飞机式的气动布局，但未设垂尾，只在弹体尾部正下方装有一片很大的腹鳍，外形很像一架倒扣的飞机。为了减小飞行中的气动阻力，它采用流线型圆柱形弹体，头部为尖锥形，以保证末端高速突防。至于 SS-N-3 采用何种战斗部，有爆炸威力为 20 万吨、30 万吨、35 万吨、80 万吨 TNT 当量这几种说法。但有一点是共同的，即都认为 SS-N-3C 采用的是热核弹头。

▲ SS-N-3"柚子"核巡航导弹

知识链接 >>

"柚子"核巡航导弹于1961年开始服役。装载该导弹的E-I级核潜艇曾经游弋于美国大西洋沿岸，偶尔也停靠于古巴港口。潜射巡航导弹虽然理论上能对美国本土构成有效威胁，但是其射程较小的缺点相比于当时的陆射型巡航导弹并未得到根本改变，因此在服役4年多后，便于1966年全部退役。

SS-6 SAPWOOD
SS-6"警棍"洲际弹道导弹（苏联）

■ 简要介绍

SS-6"警棍"（苏联代号 P-7）是苏联于 1954 年研制的第一代战略火箭军单级液体燃料单弹头洲际弹道导弹，也是世界上最早的一种陆基洲际弹道导弹。该弹采用的热核战斗部，TNT 当量为 500 万吨。该导弹于 1957 年首次发射成功，1959 年开始服役。

■ 研制历程

二战结束后，冯·布劳恩等大批德国科学家被俘，之后被秘密转移到美国，加入了美国军方发起的名为"回形针行动"，参与中程弹道导弹研发计划，研制了"红石"和"丘比特"中程弹道导弹。

为了应对美国的威胁，苏联迅速派出以尼基罗夫将军和萨布罗夫将军为首的特别工作小组前往德国，带走了沃尔姆巴克、奥特纳等科学家和工程师，各种珍贵科技资料、铀矿石以及重要设备。在"南瓜"原子弹试爆成功之后，1954 年，由苏联名将谢尔盖·帕夫洛维奇·科罗廖夫亲自带领团队设计了世界上最早的一种陆基洲际弹道导弹。

1957 年，该导弹在哈萨克斯坦的拜科努尔航天发射场试射成功，飞行了 6000 千米，随后定名为 P-7，而北约代号则为 SS-6，绰号"警棍"。

基本参数	
弹径	8.5米
弹长	30米
全重	254吨
最大射程	8000千米

■ 结构性能

SS-6"警棍"的动力装置由中央的芯级和周围四个助推器组成。芯级直径 2.95 米，助推器长 19 米，底部直径 3 米。主发动机为 1 台 PH-108 液体火箭发动机和 4 台游动发动机，主机工作时间 274 秒，真空推力 930 千牛。每个助推器有 1 台 PH-107 液体火箭发动机和 2 台游动发动机，工作时间为 120 秒。"警棍"属于单弹头导弹，采用无线电制导，发射方式为地面发射，命中精度（CEP）为 6 千米。

知识链接 >>

SS-6 "警棍"于1959年开始服役。其命中精度低,可靠性差,反应时间长,弹体大而笨重,生存能力很差,当时仅装备了10枚,并于20世纪60年代初期退役。但是,该导弹却为苏联发展运载火箭打下了基础。1957年10月4日,世界第一枚人造地球卫星就是用它来发射的。

▲ SS-6 "警棍" 洲际弹道导弹

2A3 型原子炮（苏联）

■ 简要介绍

2A3 型原子炮是苏联格拉宾设计局于 1956 年研制成功的核武器，主要目的用于制约美国的 M65 "原子安妮" 大炮，部署在东莱茵河畔，采用迫击炮弹，弹药爆炸威力为 50 万吨～150 万吨 TNT 当量。该炮底盘的研制由科特林设计局在列宁格勒（今圣彼得堡）完成。

■ 研制历程

冷战开始之后，美国形成了新的战术原则，即 "五群制原子师（Pentomic）"，每个作战师下辖 5 个装备齐全的战斗群和低当量战术核武器。其中强调重型武器，包括使用核武器的 M65 原子炮。1953 年 5 月 25 日，美军在内华达州进行了 M65 "原子安妮" 型原子炮的第一次射击试验。

作为回应，苏联开始制定自己的原子炮方案，研制一款代号为 "Objekt" 的 406 毫米有自行能力的榴弹炮。其正式工程编号是 271，装备编号是 2A3。1955 年，格拉宾设计局完成了火炮系统设计，1957 年在红场向公众展示。

基本参数	
口径	406毫米
发射速度	5发/分
最大射程	25千米

■ 作战性能

2A3 型原子炮的主炮使用了特别设计的自行式榴弹炮，采用携带原子弹头的迫击炮弹，该炮弹药爆炸威力为 50 万吨～150 万吨 TNT 当量。1945 年，美国投在广岛的原子弹的当量为 1.5 万吨，投在长崎的原子弹的当量为 2.1 万吨。通过对比，可见该原子炮的威力之巨大。该原子炮因此被称为 "战场终结者"。

知识链接 >>

1956年，2A3型原子炮研制成功，随后经过广泛测试，开始服役，全部部署在东莱茵河畔。到1960年，随着美国M65"原子安妮"逐渐被小型榴弹炮取代，2A3原子炮也宣布退出现役，被分配到炮兵最高统帅部储备。

▲ 苏联阅兵式上的2A3型原子炮

SS-7/SS-8 洲际弹道导弹(苏联)

■ 简要介绍

SS-7"鞍工"(苏联代号 P-16)和 SS-8"黑羚羊"(苏联代号 P-9)是苏联于 20 世纪 50 年代后期开始研制的第二代液体推进剂洲际弹道导弹。其导弹和热核弹头的特点为:形体大、爆炸威力高;采用热核单弹头,突防能力低下,命中精度较差。

■ 研制历程

20 世纪 50 年代末,美、苏冷战达到爆发战争的边缘,两国拥有的核武器数量也快速增加。当时,美国已经率先推出能够作战的洲际导弹,并且将新的洲际导弹运用到美军作战体系当中。据估计,当时美国本土拥有 40 枚洲际导弹能够到达莫斯科、列宁格勒(今圣彼得堡)等大城市。

为了抗衡美国,苏联必须在最短时限内造出并部署能够从苏联领土发射并摧毁美国战略目标的洲际导弹。由于太过仓促,急于想要达到高目标,苏联提出研制第二代洲际弹道导弹:一种是名为"P-16"的洲际弹道导弹,北约代号为 SS-7"鞍工",1961 年定型生产;另一种名为 SS-8"黑羚羊",于 1963 年开始生产。

基本参数

弹径	3.1米 / 2.9米
弹长	32.5米 / 25.5米
弹头重	1.8吨
起飞重量	100吨
最大射程	11000千米

■ 作战性能

SS-7 和 SS-8 导弹其实都是 SS-6 的衍生型号,它们被设计成一种两级液体弹道导弹,用铝镁合金制造弹体,拥有一个细长的推进剂贮箱。其所用核弹头爆炸威力均为 500 万吨 TNT 当量,采用地下井热发射、惯性制导,命中精度为 2 千米。

▲ SS-7/SS-8 洲际弹道导弹

知识链接 >>

1960年10月24日，涅杰林到现场主持 SS-7 初次发射实验。在导弹发射前两个小时，他不断收到在现场操作人员报告的故障情况。由于领导层面的原因，他只好硬着头皮下令发射，结果导致了一场不可挽回的大爆炸，造成有记载以来最大的核武器爆炸事故。

SS-N-4 / SS-N-5

SS-N-4/SS-N-5 潜地弹道导弹

（苏联）

■ 简要介绍

SS-N-4"萨克"（苏联代号 P-13）和 SS-N-5"赛尔布"（苏联代号 P-21）是苏联部署的第一代液体推进剂潜地弹道导弹。主要特点为：形体大，爆炸威力高，采用单个热核弹头；突防能力低下，命中精度差。

■ 研制历程

1955 年，苏联从处于水面状态的潜艇上进行了世界上第一次弹道导弹发射，之后开始研发第一代液体推进剂潜地/水射弹道导弹。这一代导弹共发展了 3 个型号，包括最初的飞毛腿改进型 R11。在其基础上加大射程，进而发展出了 SS-N-4"萨克"和 SS-N-5"赛尔布"这两种近程潜地弹道导弹。

1958 年，SS-N-4"萨克"开始部署于苏联新改装的 ZV 级潜艇，替代之前的陆基"斯柯达"导弹。ZV 级艇水下排水量 2600 吨，艇长 90 米，水下航速 15 节。G 级常规动力弹道导弹潜艇，每艘装 3 枚 SS-N-4 导弹，同级共建 19 艘。SS-N-5"赛尔布"导弹主要服役于 1962 年的苏联第一代核动力导弹潜艇 H 级，每艘可装 3 枚。

基本参数	
弹径	1.3 米
弹长	11.8 米 / 14.2 米
起飞重量	13.6 吨
射程	560 米 / 1420 米

■ 结构性能

SS-N-4"萨克"和 SS-N-5"赛尔布"潜地弹道导弹均为单弹头设计，并都可换装 TNT 当量 60 万吨的核弹头。"萨克"导弹的圆周偏差率为 4 千米，在潜艇处于水面状态时才能发射；而"赛尔布"导弹采用 1 级液体火箭助力和惯性制导，因此可在水下发射，其圆周偏差率为 1.3 千米。

▲ SS-N-4

▲ SS-N-5

知识链接 >>

弹道导弹是在火箭发动机推力作用下按预定程序飞行,关机后按自由抛物体轨迹飞行的导弹。其飞行弹道一般分为主动段和被动段:主动段(又称动力飞行段或助推段)是导弹在火箭发动机推力和制导系统作用下,从发射点起飞到火箭发动机关机时的飞行路径;被动段包括自由飞行段和再入段,是导弹按照在主动段终点获得的给定速度和弹道仪角作惯性飞行,到弹头起爆的路径。

SS-N-6/SS-N-8 潜地弹道导弹

（苏联）

■ 简要介绍

SS-N-6"索弗莱"（苏联代号 P-27）和 SS-N-8"叶蜂"（苏联代号 P-29）是 20 世纪 60 年代末至 70 年代初由苏联马克耶夫实验设计局研制的第二代液体推进剂潜地弹道导弹。它们都有 I、II、III 三种型号，主要特点是导弹和热核弹头开始向中型、中等威力、集束式多弹头方向发展。

■ 研制历程

20 世纪 60 年代末，苏联开始发展第二代液体潜射弹道导弹，主要目标在于研制潜艇水下发射的中程潜地弹道导弹。

1962 年 4 月，马克耶夫实验设计局开始研制 P-27 / SS-N-6 型导弹。其研制的目的在于提高战术技术性能和使用性能，并实现水下发射（提高导弹的装填密度，实现发射系统在整个艇上的布置；增加导弹的艇载量和保存、待发及齐射时整个武器系统操作过程的自动化）。导弹型号：单弹头型（I、II）和分导弹头型（III 型）。

此后，鉴于 SS-N-6 型导弹尚不能威慑美国，马克耶夫实验设计局又开始研制新一代的潜地弹道导弹——P-29 / SS-N-8。该型导弹技术上与 SS-N-6 型导弹相当，只是长度、直径都有增加，并且也有三种型号。

基本参数	
弹径	1.5米 / 1.8米
弹长	8.98米（9.7米）/ 13米
起飞重量	14.2吨 / 33吨
投掷重量	0.65吨 / 0.68吨~0.82吨
最大射程	2400千米~3000千米 7800千米~9100千米

■ 结构性能

SS-N-6 导弹的 I 型可换装爆炸威力为 100 万吨 TNT 当量的核单弹头，圆周偏差率为 1.3 千米；III 型采用了集束式分导弹头，有 3 个分弹头，每个爆炸威力为 200 万吨 TNT 当量。SS-N-8 导弹动力装置为远程两级液体火箭，I 型为单弹头（120 万吨 TNT 当量）；II 型用集束多弹头（2 个 80 万吨级）；III 型改用 3 个分导式多弹头。采用星光惯性制导，精度较高（圆周偏差率为 400 米），可用以攻击中等面积的城市及其他地面目标。

知识链接 >>

SS-N-6"索弗莱"导弹分别装备在667A型和667AY型弹道导弹潜艇上,SS-N-8"叶蜂"导弹装备于667B型核潜艇上,共装有12座导弹发射装置。1971年12月,产品设计编号701改装的658型核潜艇进行了首批导弹的发射试验。

▲ SS-N-8 潜地弹道导弹

SS-9 CLIFF
SS-9"悬崖"洲际弹道导弹（苏联）

■ 简要介绍

SS-9"悬崖"（苏联代号 P-36）是苏联在 20 世纪 60 年代至 70 年代初期发展起来的第二代至第三代洲际弹道导弹的过渡类型，也是苏联的第一种多弹头导弹。它搭载有最大为 2500 万吨 TNT 当量的热核战斗部，具有威力大、射程远、精度高、威慑力强等特点。该型洲际导弹共有 5 种型号，已部署的大多为 II 型。

■ 研制历程

20 世纪 60 年代中期，美国在第二代及第三代洲际导弹发展上用了数年时间，并推出了多种型号。在"宇宙神"系列导弹完全退役以前，先后推出了 D 型、E 型和 F 型。全新的固体燃料导弹系列"民兵"Ⅰ（A 型和 B 型）推出之后，又推出了"民兵"Ⅱ型，这些导弹进入陆基战略导弹部队服役，并成为主力导弹。

与此相对应，苏联也在积极由第二代向第三代洲际弹道导弹发展，其过渡类型，即 SS-9"悬崖"。该型导弹先后发展了 5 种型别。I、II、IV 型被作为战略武器装备部队，III 型和 V 型分别用作部分轨道轰炸系统和试验型反卫星导弹。

基本参数	
直径	3.05 米
全长	37 米
弹头重	5 吨
起飞重量	200 吨
最大射程	12000 千米

■ 作战性能

SS-9 是两级液体导弹，它装有 6 台液体火箭发动机和 4 台游动发动机，圆周偏差率为 185 米～220 米。在其 5 个型号中，I 型只携带一枚爆炸威力为 2000 万吨 TNT 当量的热核弹头；II 型是携带一枚爆炸威力为 2500 万吨 TNT 当量热核弹头的导弹；III 型能把 4.5 吨重的有效载荷送入近地轨道；IV 型带有 3 个集束式子核弹头，爆炸威力为 3500 万吨 TNT 当量；V 型被用作试验型反卫星导弹。

知识链接 >>

SS-9"悬崖"I型于1965年开始装备部队,是苏联能攻击导弹地下井一类硬点目标的导弹;之后部署的SS-9导弹大都采用II型。1975—1985年,该型洲际弹道导弹逐步退役,被SS-18"撒旦"取代。

▲ 莫斯科红场阅兵中的SS-9"悬崖"洲际弹道导弹

SS-N-7/SS-N-9 潜射/舰射核导弹

（苏联）

■ 简要介绍

SS-N-7"星光"、SS-N-9"海妖"核导弹是苏联于20世纪60年代末至70年代中期部署的系列潜射/舰射型巡航导弹。其中，SS-N-7是苏联第一种能从水下发射的海射巡航导弹；SS-N-9是为克服SS-N-7射程短的缺点研发的。这两种导弹均采用了威力强大的热核战斗部。

■ 研制历程

冷战初期，苏联利用自己的海军潜艇优势，积极发展由核潜艇在水下一定深度范围内发射的潜射战略弹道导弹，用于执行核威慑和核反击任务。但是，由于美国积极发展反导系统，并通过国际合作模式在苏联周边大肆发展反导系统，极大地压缩了其战略威慑力量的生存空间，对潜射战略弹道导弹构成了严重威胁。

与此同时，苏联军方加速发展潜射战略弹道导弹，大幅提升潜射弹道导弹实战能力，以应对美国反导系统的威胁。在最初发展的SS-N-2"冥河"的基础上，又推出了使用热核战斗部的SS-N-7"星光"导弹，这也是苏联第一种能从水下发射的海射巡航导弹。随后，由于SS-N-7的射程较短，又研制出了SS-N-9"海妖"潜射/舰射核巡航导弹。

基本参数	
弹径	0.79米 / 0.76米
弹长	6.5米 / 8.84米
翼展	2米 / 2.1米
全重	2.7吨 / 2.95吨
飞行速度	1103千米/小时
最大射程	50千米~65千米 / 70千米~120千米

■ 作战性能

SS-N-7和SS-N-9潜射/舰射核巡航导弹均可以使用常规弹头或核弹头。由于小艇吨位不大，在复杂的地形环境之下很容易躲藏起来，当它将6枚搭载核炸弹的反舰导弹打向对方舰队时，仅仅一条船就能够换来很多收获。为小艇配备核弹头，目的是在一切远洋手段无法发挥作用时，这些小艇就会进行最后的抵抗，这样就能以一艘小艇换一条大舰甚至一个编队。

▲ 俄罗斯纳努契卡级轻型护卫舰装备的 SS-N-9 反舰导弹

知识链接 >>

海射巡航导弹是指从海上发射，兼有对地、对海双重攻击能力的多用途巡航导弹，属现代巡航导弹之一。海射巡航导弹按发射平台分舰射和潜射型；按目标位置分对陆攻击和对海攻击型；按携带的战斗部，分核攻击和常规攻击型。

SS-N-12 BAZALT
SS-N-12"沙箱"核反舰导弹
（苏联）

■ 简要介绍

SS-N-12"沙箱"（苏联代号 P-500，或译"玄武岩"）是苏联于 20 世纪 70 年代装备的装有热核战斗部的反舰导弹。"玄武岩"是一种质地坚硬的岩石，"沙箱"是一种南美剧毒的毒蛇，用它们称呼该导弹，可见其威力之大、战斗力之强。该导弹于 1976 年装备苏联海军，时至今日，仍堪称一种较为尖端的反舰利器。

■ 研制历程

20 世纪 50 年代初，苏联切洛梅伊设计局开始研发第一代重型远程反舰导弹。其中比较典型的就是 SS-N-3"柚子"。到了 20 世纪 60 年代，由于美国海军及北约各国反导性能的不断提升，SS-N-3 的性能无法满足需要，于是苏联开始研发一种重型远程超声速反舰导弹，也是苏联第二代远程舰射和潜射飞航式反舰导弹。

经过多年的努力，1973 年，苏联方面终于研制出了一种比较理想的核武器，即 SS-N-12（苏联代号 P-500），可搭载 35 万吨当量核弹头。

基本参数	
弹长	11.7米
弹径	0.8米
翼展	2.6米
最大射程	550千米
飞行速度	3063千米/小时
战斗全重	5吨

■ 作战性能

SS-N-12"沙箱"导弹非常像一条"鲨鱼"，鼓鼓的大肚可装 1 吨高爆战斗部或 35 万吨当量核战斗部。由于采用冲压发动机作为动力，该型导弹具有射程远、飞行速度快、抗干扰能力强、战斗部威力大、命中率高、毁伤能力强等特点。

知识链接 >>

SS-N-12"沙箱"远程超声速反舰导弹于1976年开始装备苏联海军光荣级巡洋舰、回声级巡航导弹核潜艇以及基辅级航母。在此后相当长一段时间内，该导弹成为苏联海军重要的反航母武器。它的威力远超过美军舰载的"捕鲸叉"或"战斧"巡航导弹。

▲ SS-N-12"沙箱"远程超声速核反舰导弹

SS-18 SATAN
SS-18"撒旦"洲际弹道导弹（苏联）

■ 简要介绍

SS-18"撒旦"是苏联从20世纪60年代末一直到1988年——以20年左右时间建造的人类有史以来最强大的洲际导弹。它带有10个以上分弹头，一枚洲际导弹可以攻击多个目标。它有多种子型号，截至2000年9月，各型导弹共进行了150次发射。

■ 研制历程

至20世纪60年代末，苏联战略核武器的主体是SS-9。但地面发射系统复杂，导致发射井抗摧毁能力较差，而且作战反应时间长，实用性不强。因此在其服役不满4年的1969年9月，苏联最高部长会议做出了研制其后继型SS-18导弹的决定。

承担SS-18导弹设计任务的是苏联著名的导弹设计机构南方设计局，当时任该设计局领导的是费多罗维奇·乌特金。他的建议得到时任苏联国防部长乌斯季诺夫的支持，为此苏联战略火箭军提出了采用分导式弹头、竖井冷发射的要求。

早期型SS-18采用自主惯性制导系统，精度不是很高。1976年8月16日通过了改进决议，SS-18发展出了第二代（Ⅳ）、第三代（Ⅴ）。

▲ SS-18"撒旦"洲际弹道导弹的发射井

基本参数	
弹径	3米
弹长	33.6米~34.3米
弹头重量	5.7吨~8.6吨
起飞重量	208.3吨~211.4吨
最大射程	11200千米

■ 作战性能

SS-18本身就是为打击发射井等加固目标而设计的，因此一开始就将大威力作为目标。巨大的推力使其可以携带更大、更多的核弹头，SS-18单弹头爆炸威力甚至曾达到2000万吨~2500万吨TNT当量。而分导式弹头能够分别打击各自的目标，1枚导弹可完成10枚导弹的打击任务。而且Ⅳ型精度已经达到350米以内，这使其具有很强的打击硬目标的能力，被认为是打击效率最高的导弹之一。

知识链接 >>

SS-18 导弹的研制前后历经20年，共有3代6个型号，分别于1974年、1980年和1988年入装苏联军队，由于其不断改进，服役期也不断延长。虽然已研制多年，但SS-18无论是外形尺寸，还是起飞质量、投掷重量、弹头威力，都代表了全世界重型液体洲际导弹发展的较高水平。

▲ SS-18 "撒旦"洲际弹道导弹

SS-N-19 GRANITE
SS-N-19 "花岗岩" 反舰导弹
（苏联/俄罗斯）

■ 简要介绍

SS-N-19（苏联代号 P-700 "花岗岩"）是由苏联特种机械设计局设计研发的一款重型远程超声速反舰导弹，采用的是专门装配于海射巡航导弹的 50 万吨 TNT 当量热核战斗部。最初该弹作为 949 型巡航导弹核潜艇的配套武器研发，后来也被 1144 型重型核动力导弹巡洋舰和 1143.5 / 6 / 7 型载机巡洋舰 / 航空母舰装备。

■ 研制历程

P-500 / SS-N-12 "玄武岩"核反舰导弹虽然具备了相当的打击能力，但该弹仍有很多缺陷，尤其是在攻击末端不具备任何复杂的机动规避弹道模式，而且其巡航高度相对高，一旦被对方发现，容易遭到拦截。

伴随着美国海军"宙斯盾"系统的成熟以及 F-14 "雄猫"重型战斗机、AIM-54 "不死鸟"重型远程空空导弹拦截组合的成军，到 20 世纪 70 年代末至 80 年代前期，美国海军基本具备了拦截 SS-N-12 重型远程反舰导弹的能力。这似乎使苏联海军受到很大威胁，于是苏联特种机械设计局致力于解决这一问题，最终于 1976 年设计出了著名的"航母杀手" SS-N-19（P-700 "花岗岩"）重型超远程超声速反舰导弹。

▲ "库兹涅佐夫"号航母甲板上 12 个 SS-N-19 巨大导弹发射口

■ 作战性能

SS-N-19 是一种采用火箭冲压发动机推进的大型超声速反舰导弹，可在水面舰艇和潜艇上共同使用，并可从垂直发射器发射。它能装备 0.75 吨的半穿甲高爆常规战斗部，也可装备 50 万吨 TNT 当量的核弹头。该导弹采用惯性 / 指令修正 / 主动雷达制导，进行超视距攻击，可利用"神话"卫星系统或图 -95 型侦察中继飞机的数据链进行中继制导，具备近程和远程两种打击能力。

基本参数	
弹径	0.85米
弹长	10米
翼展	2.1米
弹重	6.98吨
最大速度	3063千米 / 小时
射程	145千米~650千米

▲ 正在吊装的 SS-N-19

知识链接 >>

由于苏联/俄罗斯对 P-700/SS-N-19 系统各项数据的高度保密，直到 2000 年"库尔斯克"号核潜艇沉没事故后，其他国家才了解到这个"航母杀手"的真实情况。SS-N-19 型反舰巡航导弹研制成功后，自 1979 年开始，先后装备在基洛夫级巡洋舰、"库兹涅佐夫"号载机巡洋舰/航空母舰、奥斯卡级核潜艇和奥斯卡级 II 型巡航式导弹核潜艇上。

SS-N-22 SUNBURN
SS-N-22"日炙"反舰导弹
（苏联/俄罗斯）

■ 简要介绍

SS-N-22"日炙"（P-270）是苏联彩虹机械制造设计局20世纪70年代在SS-N-9"海妖"导弹的基础上设计生产的。该导弹是世界上第一个使用整体式组合冲压喷气发动机技术的实用型超声速反舰导弹，可装备半穿甲弹和热核战斗部。

■ 研制历程

20世纪70年代后期，苏联为专门对付美国的航空母舰战斗群和导弹巡洋舰，由彩虹设计局针对美国航空母舰的"宙斯盾"系统的雷达探测距离、处理速度和"标准"SM-2导弹的发射加速度、最大过载系数、最小攻击距离等特性，设计出一种高速低空飞行的导弹系统。

经过一系列的样弹测试和预制，该导弹系统于20世纪80年代正式定型生产，绰号"白蛉"，而北约则称之为SS-N-22"日炙"反舰导弹系统。之后，其逐渐发展成一种通用型系列化导弹，最新改进型为3M80E/MBE。

基本参数	
弹径	0.76米
弹长	9.39米
翼展	2.11米
最大速度	3675千米/小时
射程	120千米

■ 作战性能

SS-N-22导弹系统是使用整体组合冲压发动机的实用型超声速反舰导弹，要到达射程的90千米处，只需短短的2分钟，因此能在"宙斯盾"系统完成探测、跟踪、锁定、判断、发射、导弹制导程序之前到达目标舰的防御区，具备较高的生存能力和突防能力。该弹有核常兼备的战斗部，其中核战斗部为爆炸威力达50万吨TNT当量的热核炸药。制导方式为"发射后不管"，采用自动驾驶仪、无线电高度表及主被动复合雷达末段制导。

知识链接 >>

海军型的 SS-N-22 配备了苏联海军"现代"级导弹驱逐舰和"闪电"级导弹快艇；空军型的 KH-41 则可以装备苏-33、苏-34 等作战飞机。除苏联/俄罗斯军队之外，这种导弹已出口到伊朗和印度，越南也订购了这种导弹，装备其两艘新的导弹护卫舰。

▲ SS-N-22 发射瞬间

TYPHOON-CLASS
台风级战略核潜艇（苏联/俄罗斯）

■ 简要介绍

941型战略核潜艇，北约代号台风级，是苏联/俄罗斯海军隶下的一型核动力弹道导弹潜艇，是苏联/俄罗斯第三代/第四代弹道导弹核潜艇。它是苏联/俄罗斯海军最大的弹道导弹核潜艇，也是截至2017年世界最大体积和吨位潜艇纪录保持者。941型的总设计师科瓦列夫认为6艘装备有固体燃料导弹的台风级核潜艇组成的编队，能够完成任何战略任务，只需一艘潜艇的齐射就能给敌人以无法承受的致命打击。

■ 研制历程

1969年，苏联海军下达了研制"941工程"的战术技术任务书，科瓦列夫被任命为941工程的总设计师。事实上，苏联大部分弹道导弹核潜艇都是他领衔设计的。

1977年3月3日，首艇TK-208在北德文斯克造船厂开工建造，1981年12月12日服役。该型艇共建造了6艘，最后一艘于1989年服役。截至2017年，只有一艘仍处于运行状态。

基本参数	
艇长	172.8米
艇宽	23.3米
吃水	11.5米
水下排水量	26500吨
水下航速	25节
潜深	400米
自持力	90天
艇员编制	160名
动力系统	2座VM-5压水堆 OK-650B蒸汽发生装置 2台GT3A型汽轮主机

■ 作战性能

台风级核潜艇的排水量和艇宽几乎是俄亥俄级的2倍，但载弹量少。美国俄亥俄级能装载24枚"三叉戟"导弹，而台风级却只能携带20枚P-39型导弹。台风级最大的特点是可以同时齐射2发P-39型导弹，这是世界上其他任何级别的弹道导弹潜艇都无法做到的。

▲ 台风级核潜艇巨大的导弹发射井

知识链接 >>

2010年春,俄美签署了第三阶段削减战略进攻性武器条约,条约规定:双方部署展开的核弹头数量最多为1550枚。台风级每艘最多可携带200枚核弹头,如果3艘全部满载,几乎将占新条约限制标准的一半,而俄罗斯海军现役的"德尔塔"Ⅳ型战略核潜艇和北风之神级战略核潜艇还未计算在内。

BOREI-CLASS
北风之神级战略核潜艇
（苏联/俄罗斯）

■ 简要介绍

955型战略核潜艇，北约代号北风之神级，是苏联/俄罗斯第四代战略核潜艇。从整体战术技术指标来看，955型达到了苏联/俄罗斯海军的基本作战要求；从某些技术指标上看，已赶上甚至略领先于美国俄亥俄级潜艇。它承载了太多的梦想和期望，在它的身上凝聚了几十年来苏联/俄罗斯在潜艇制造技术上的精髓（在潜艇减震、降噪等方面取得了新突破）。

■ 研制历程

955型战略核潜艇由苏联/俄罗斯的红宝石中央设计局设计。最早于20世纪80年代初期开始论证设计，以代替941型战略核潜艇。

首艇于2013年1月10日服役。2013年12月23日，2号艇服役。2014年12月19日，3号艇服役。俄罗斯计划建造10艘955型，以替代现有战略导弹核潜艇。

■ 作战性能

955型战略核潜艇作为台风级和德尔塔级核潜艇的后继型，其总体性能有了极大提升，威力更强，机动性更好，信息化程度也更高。该级核潜艇庞大的艇体设计为其破除北冰洋厚厚冰层提供了足够的浮力，其携带的"布拉瓦"导弹可以突破导弹防御系统，几乎可从任何方向对美国发起攻击。

基本参数	
艇长	170米
艇宽	13.5米
吃水	10米
水下排水量	24000吨
水下航速	29节
潜深	450米
自持力	大于90昼夜
艇员编制	107人
动力系统	OK-650B核动力推进系统 汽轮机 发电机和备用柴油发电机

▲ 北风之神级战略核潜艇内部

知识链接 >>

北风之神级战略核潜艇由北德文斯克造船厂建造。该造船厂成立于20世纪50年代初，位于北极圈内阿尔汉格尔斯克州北德文斯克市，是苏联专门建造核潜艇的保密工厂，也是世界上最大的潜艇生产厂家。自1939年以来，这家企业已经生产了131艘核潜艇、36艘柴油动力潜艇以及45艘船舰。

TU-22M BACKFIRE
图-22M"逆火"战略轰炸机（苏联）

■ 简要介绍

图-22M轰炸机，北约代号"逆火"，是苏联一型双发变后掠翼超声速远程战略轰炸机。它是图-22的全新改进型，既可以进行战略核轰炸，也可以进行战术轰炸，尤其是携带大威力反舰导弹，远距离快速奔袭，攻击航空母舰编队，部署在任何地方，都对战略空间是一种巨大的威慑。

■ 研制历程

1965年，苏联公布关于轰炸机的新设计案的需求为航程至少5000千米，高空速率最少2450千米/小时，低空穿透速率至少1225千米/小时，载弹量20吨，并且能够在刚刚整备完成的前线机场操作。

1966年，苏联军方正式下令开发全新的图-22M轰炸机。图波列夫设计局（今俄罗斯联合航空制造集团）加紧设计，最后设计出的图-22M优异地超出了军方的要求。1969年6月，图-22M第一款生产型终于出厂。1972年图-22M首飞，其总计生产了约500架，苏联解体后，由于其维修复杂，加上经济原因，于1993年停产。

基本参数	
长度	42.46米
翼展	34.28米
高度	11.08米
空重	58吨
最大起飞重量	126吨
动力系统	2台加力涡扇发动机
最大航速	2818千米/小时
实用升限	18千米
最大航程	12000千米

■ 作战性能

图-22M性能大大超过了图-22。图-22M3轰炸机最大武器挂载24吨，机翼和机腹下可挂载3枚KH-22空地导弹，机身武器舱内有旋转发射架，可挂6枚RKV-500B（AS-16）短距攻击导弹，也可挂载各型精确制导炸弹。更为先进的KH-101导弹也配备常规弹头，由于其圆周偏差率仅为10米，也被称为"高精度导弹"。而KH-22型导弹则作为图-22M3型轰炸机的远程反舰利器。

知识链接 >>

第一次车臣冲突中,远程航空兵派出了 14 架图 –22M3 轰炸机,共出动 172 架次,其中攻击武装组织目标 60 架次,对道路 / 山口和地段实施布雷 65 架次,对目标和地面实施照明 24 架次,转场 23 架次,共飞行 737 小时。

▲ 图 -22M "逆火" 战略轰炸机

TU-160 BLACKJACK
图-160"海盗旗"战略轰炸机
（苏联/俄罗斯）

■ 简要介绍

图-160轰炸机，北约代号"海盗旗"，是苏联/俄罗斯一型超声速变后掠翼远程战略轰炸机。它是世界上最大的轰炸机，同时也装备着世界上推力最强劲的军用航空发动机，旨在替换图-22M轰炸机，并与美国空军的B-1轰炸机抗衡。其作战方式以高空亚声速巡航、低空亚声速或高空超声速突袭为主，可发射核/常长程巡航导弹在敌人防空网外进行攻击。此外，还可以低空突袭，发射核/常导弹或炸弹攻击重要目标。

■ 研制历程

1967年，苏联空军提出研制一种多用途洲际轰炸侦察机。参加竞标的为图波列夫设计局和米亚西舍夫设计局，评审结果图波列夫设计局获胜，内部设计编号为70号工程。

然而图波列夫设计局的研制并不顺利，1975年1月，图波列夫设计局停止设计工作，转而改由米亚西舍夫设计局来设计。因此可以说，图-160是上述两家设计局共同设计的。1981年12月19日，图-160原型机首飞，1987年开始装备部队，1988年形成初始作战能力。

基本参数	
长度	54.09米
翼展	55.7米
高度	13.2米
空重	110吨
最大起飞重量	275吨
动力系统	4台加力涡扇发动机
最大航速	2511千米/小时
实用升限	21千米
最大航程	16000千米

■ 作战性能

图-160有两个武器舱，均可容纳一个能发射6枚AS.15"撑竿"亚声速空射巡航导弹的旋转发射架，也可携带巡航导弹、短距攻击导弹、核炸弹、常规炸弹和鱼雷等多种武器。此外也可以更换挂架携带常规炸弹。它安装有齐备的火控、导航系统，有能够在远距离预先发现地面和海上目标的预警雷达。图-160速度比美国B-1轰炸机快80%，航程比B-1轰炸机多出近45%。

知识链接 >>

2003年9月18日，在俄罗斯萨拉托夫地区恩格斯空军基地附近，一架图-160坠毁。事后，俄罗斯停飞了所有图-160。俄罗斯空军称，事故的原因是一台新发动机着火。飞机上的乘员在事发时，驾驶该飞机远离了有2万人居住的村落和巨大的地下天然气储存设施，避免了严重的环境污染。

▲ 图-160 "海盗旗" 战略轰炸机

DEAD HAND
"死亡之手"核打击系统（苏联/俄罗斯）

■ 简要介绍

"死亡之手"核打击系统是苏联于20世纪80年代为应对美国核打击而建立的一套反应还击系统。多年来，它一直是制衡美国核威慑力的有力支柱。

■ 研制历程

1981年，美国总统里根上台以后，对苏联方面的态度越发强硬，提出了"星球大战计划"，对苏联展开了反导系统"围堵"。"星球大战计划"将打破美苏之间的"核平衡"，这是非常危险的。

美国发展出核武器后，曾制订了"核提包"和"空军一号"计划，希望在彻底摧毁对手的同时，自己还有侥幸生存的可能。而苏联方面处于同等条件下，却完全不抱任何生存的希望，为了保证苏联遭受美国核打击后能够做到有效反击，苏联方面设计了一套被称为"死亡之手"的报复性核打击系统。

■ 作战性能

"死亡之手"核打击系统与苏联/俄罗斯国家核武库相连，可以自行分配打击目标。而且，此系统不会分辨打击的目标是不是正在攻击本土的目标，只是按照事先预定的程序打击。例如，一旦某个国家对俄罗斯本土发动核突击，就会把"死亡之手"系统激活。在平时，该系统处于休眠状态。

▲ 苏联/俄罗斯导弹发射井

知识链接 >>

由于操控者受到的非理智影响实在太大、太不稳定,"死亡之手"系统应运而生。苏联/俄罗斯把最终"报复"的权力交给了电脑系统。正是这种"鱼死网破"的手段在某种程度上保证了世界的"核和平"。

▲ 苏联/俄罗斯地下核设施

YURI GAGARIN

"尤里·加加林"号航天测量船（苏联）

■ 简要介绍

"尤里·加加林"号是苏联最大、最有代表性的航天测量船，主要进行外层空间的研究，反映了苏联航天测量船的发展水平。该船设施比较齐全，居住性较好，有空调系统，保证住舱、公共场所和工作环境的温度为21.5℃～25℃。其卫星通信系统通过"闪电"通信卫星，在宇宙飞船和船上工作控制中心之间传输电话和电报信息。其数据处理系统由2台通用计算机和一些专用计算机组成，处理和加工其他测量系统输入的数据。其稳定与控制系统，用以计算船的摇摆和弯曲引起的测量误差，以提高测量精度。

■ 研制历程

"尤里·加加林"号航天测量船于1969年3月开工建造，同年10月下水，1971年7月在列宁格勒（今圣彼得堡）建成，以经过实践考验的批量建造的油船为设计母型。在1971—1980年间，该船多次参加苏联研究和开发宇宙空间计划的试验活动。

■ 结构性能

该船的雷达系统能同时跟踪2个宇宙飞行目标，有4部抛物面主天线，2部直径为12米，另2部直径为25米，总面积1200平方米，连同其基座重达1000吨，其中3部能进行厘米波、分米波和毫米波的无线电信号收发。天线控制系统一般能在20米/秒风速和7级海况下工作。其船舶定位系统主要用于对船的精确定位，便于测量系统工作。该系统由无线电光学六分仪、卫导接收机、陀螺仪、计程仪、光学测向仪、电罗经、回声测深仪、测漂计和水文气象台等组成。

基本参数	
船长	230米
船宽	31米
吃水	10米
满载排水量	53500吨
航速	18节
船员编制	136人
动力系统	1台蒸汽轮机 2台蒸汽锅炉 2座电站

▲ "尤里·加加林"号航天测量船

知识链接 >>

人们利用陀螺的力学性质制成的各种功能的陀螺装置称为陀螺仪，它在科学、技术、军事等各个领域有着广泛的应用。陀螺仪的种类很多，按用途来分，它可以分为传感陀螺仪和指示陀螺仪。传感陀螺仪用于飞行体运动的自动控制系统中，作为水平、垂直、俯仰、航向和角速度传感器。指示陀螺仪主要用于飞行状态的指示，作为驾驶和领航仪表使用。

DON-2N
"顿河-2N"雷达（俄罗斯）

■ 简要介绍

"顿河-2N"雷达是莫斯科反导系统的核心，堪称世界上独一无二的雷达系统。"顿河-2N"雷达站坐落于俄罗斯首都莫斯科郊区普希，是世界上首座有源相控阵列雷达站。

■ 研制历程

1975年，新型莫斯科地区反导系统开始研制，试验工作于1990年完成。该系统由一个指挥站、一部"顿河"多功能雷达及100枚拦截导弹组成。

"顿河-2N"雷达站外观呈半金字塔状，每个侧面底边约150米，上边90米，高36.6米。

自1978年开始建造至最终完工，共消耗3.2万吨金属、5万吨水泥、20吨缆线、数百千米长的管材以及1万个金属阀门。因为需要大量水给设备降温，雷达站院内有水塘、小湖泊共5个。雷达站正门院内主路上还修建有防化墙。

基本参数

工作波段	厘米波
天线类型	有源相控阵
天线直径	18米
覆盖范围	360°
视距	40000千米（垂直） 3700千米（纵向）
精确度	10米（最大距离误差）
最大同时追踪目标数	120个
最大同时制导数	20个（近程导弹） 16个（远程导弹）
最大预警时间	9分钟
数据处理	超级计算机

■ 结构性能

"顿河-2N"雷达站每侧均装有一个直径18米的大孔径有源相控阵收发天线，可对大气层外和大气层的目标进行探测和跟踪，它能搜寻、筛选并锁定3000余千米范围内的敌方目标，为反导系统指示目标，引导反导导弹攻击来袭之敌，还能发出错误的信号干扰敌方飞机或导弹。"顿河-2N"扫描覆盖北大西洋至巴伦支海。其使用寿命至少30年。

▲ "顿河-2N"雷达指挥中心中央区投影

知识链接 >>

1994年2月，美国"发现"号航天飞机从外太空分三批抛出直径分别是5厘米、10厘米、15厘米的金属球。其中直径15厘米的金属球被美国、俄罗斯所有参与试验的超视距雷达发现；直径10厘米的金属球被俄罗斯的超视距雷达站及美国位于阿拉斯加的雷达站发现；至于5厘米的金属球，只有"顿河-2N"雷达站成功将其捕获，并测算出其太空运行轨迹。

VORONEZH-DM
"沃罗涅日-DM"预警雷达（俄罗斯）

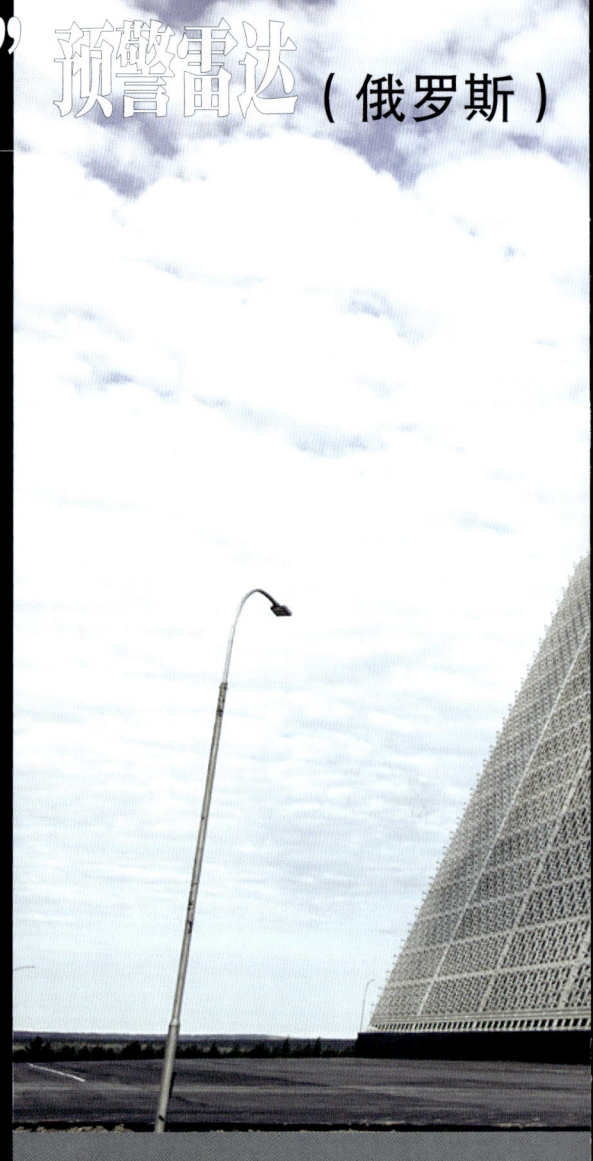

■ 简要介绍

世界上功率最大、探测距离最远的雷达是俄罗斯的"沃罗涅日-DM"导弹预警雷达。"沃罗涅日-DM"导弹预警雷达不仅性能处于世界领先水平，在制造工艺上也取得重大突破，所安装的设备大为减少，能耗大幅降低，自动化程度大为提高。

■ 研制历程

"沃罗涅日-DM"的研发效果极佳，系统有两个梯队：第一个是太空梯队，由观测卫星构成，负责摸清弹道导弹的发射迹象；第二个是地面梯队，由"达里亚尔""第聂伯"和"伏尔加"雷达站组成。在收到卫星预警信号后，这些雷达就会确定导弹的飞行方向和核弹头可能的攻击坐标。最后，这些雷达收集到的信息汇总后，将传送到俄军反导弹防御系统指挥部。

"沃罗涅日-DM"的出现，使空中和太空的搜索范围扩大了数千千米，而且同原有雷达相比，其发现和确定目标的能力更强。"沃罗涅日-DM"能够发现所有弹道和巡航导弹，甚至包括卫星。

基本参数	
天线类型	相控阵预警雷达
视距	8000千米（垂直） 6000千米（纵向）
最大同时追踪目标数	500个

■ 结构性能

自从拉脱维亚斯克伦达市附近的俄罗斯雷达站被迫关闭后，该系统就长期残缺不全。启用"沃罗涅日-DM"后，俄罗斯终于堵住了西北方向达7年之久的反导弹系统缺口。俄罗斯计划在本土四周建设5座~6座"沃罗涅日-DM"新型雷达站，探测从北非到西太平洋的广大空域。

知识链接 >>

在苏联时期，苏联国境线周边总共建立了8个雷达站，3个分别位于莫斯科、奥列涅戈尔斯克和伊尔库茨克，其余5个在波罗的海沿岸、白俄罗斯、乌克兰、哈萨克斯坦、阿塞拜疆。苏联解体后，8个雷达站中目前只有4个雷达站仍在正常运转。

▲ "沃罗涅日－DM"预警雷达指挥中心中央区

1K-17 型激光坦克（苏联）

■ 简要介绍

1K-17 型激光坦克是苏联在冷战时期为对抗由美国主导的北约而研发的一种路基车载激光武器，后来由于苏联解体而未能真正投入现役，最终以冷战产物的身份在 2010 年俄罗斯"武器技术博物馆"的展览上亮相。

■ 研制历程

20 世纪 70 年代中期，苏联科学家普拉哈罗夫和巴索夫发明了量子光学发电机。他们联络了其他几位科学家建议政府开发激光武器。苏联高层采纳了他们的建议，并责成时任苏军国防部副部长的格列奇科向他们下达了激光武器研发的指示。

1982 年，第一台自行式激光武器系统 1K-11 "短剑"正式服役，安装在十分可靠的 118 自行式履带平台上。在此基础上，科学家进一步研制出 1K-17 型激光坦克。不过随着苏联的解体，1K-17 型激光坦克只生产了两辆。

■ 作战性能

1K-17 型激光坦克搭载了先进的激光炮，并且具备自动寻找和瞄准功能，主要采用固体三氧化二铝为激光源，由于激光武器的耗电量极大，依靠战车柴油机的电力供应基本办不到，设计师为它额外配备了一台大功率发电机，作为其辅助动力装置（APU）使用。1K-17 型激光坦克的激光打击能顷刻致敌制导技术系统瘫痪。

基本参数

车长	9.23 米
宽度	3.42 米
高度	2.17 米
战斗全重	39 吨
最大速度	60 千米/小时
最大行程	500 千米

知识链接 >>

制造1门1K-17型激光炮需要使用重为0.03吨的圆柱形人造红宝石晶体，这大大增加了坦克的成本。尽管技术先进，但过于高昂的造价还是让苏联军方难以接受。加之突如其来的变故（苏联解体），最终，这种超级武器并没有正式服役，就被封存在高墙之内。

▲ 1K-17型激光坦克

A-60

A-60型激光飞机（苏联/俄罗斯）

■ 简要介绍

A-60型激光飞机是苏联于20世纪80年代在"伊尔"-76MD基础上换装一门激光炮而成的尖端武器。机头前方安装了制导系统的特别整流罩，机身两侧为涡轮电机。机舱上方开了一扇门，激光炮伸出门外移动。据数据测算，A-60能击落大量空中目标。

■ 研制历程

在激光坦克取得初步成功之后，苏联科学家紧接着就推出了第二款激光武器——"大地"2505型反导、反太空卫星装置，它由"天体物理"科学工业联合会制造。不久之后，第三款"终结者"2506型激光对空防御装置也由"金刚石"科学工业联合会研制成功。这两款激光武器试验都取得了良好效果，但后者试验后，由于少有厂家同意生产，被迫终结。

1980年夏天，苏联军方又进行了海上"北风"激光装备的试验。按理想设计，它本应摧毁岸上目标，但当时因黑海水域潮湿、空气大量蒸发"吞噬"了大部分光能，激光功效系数仅为5%，试验结果不理想。不过，苏联军方并未气馁，在陆、海一系列试验后，又把目光投向了空中。最终于1981年，将第一架激光飞机A-60升上了天空。

▲ A-60机鼻下方的激光发射器

■ 作战性能

A-60型激光飞机是以"伊尔"-76MD运输机为平台的气体激光武器。其动力为4台双函道涡轮喷气发动机，最大起飞重量为179吨，巡航速度为700千米/小时。其榴弹战斗部直径40毫米~105毫米，主要武器是机舱上方的一门激光炮。

基本参数	
机长	46.86米
翼展	50.5米
高度	14.76米
重量	92吨
最高速度	850千米/小时
航程	8200千米

知识链接 >>

2018年，来自俄罗斯军工体系的消息人士声称，俄罗斯开始研发代号"A-60"的空基激光武器系统，从名称可以猜测，这很可能就是A-60型激光飞机的衍生型号。

▲ A-60型激光飞机

PERESVET
"佩列斯韦特"激光武器（俄罗斯）

■ 简要介绍

"佩列斯韦特"激光武器是俄罗斯研发的一种尖端武器。据俄罗斯国防部公布，该武器在莫日伊斯基航天军事学院基地试验成功后，于2018年12月1日开始担负试验战斗值班。这款激光武器刚一问世，就被军事专家誉为现代版的超级武器——"看不见的矛"。

■ 研制历程

1991年苏联解体后，俄罗斯激光武器方面的科技人员并未流失，承袭了苏联大量技术设备和资料。因此，俄罗斯在这一领域仍领先他国数十年。2017年5月，俄罗斯国防部副部长鲍里索夫宣布，一款有发展前景的激光武器在莫日伊斯基航天军事学院基地试验成功，它被命名为"佩列斯韦特"，俄语的词意为"黎明"。它是俄罗斯全民在投票过程中选择出来的名字，可见俄罗斯对这款武器的重视。

另有媒体报道，俄罗斯萨罗夫核能中心的核专家参与了"佩列斯韦特"激光武器的制造，该中心以生产"托卡马克"（受控热核反应装置）而闻名遐迩。

■ 结构性能

"佩列斯韦特"激光武器外表看上去就像一辆带顶篷的大货车。它属于车载激光装备，装有液晶旋转炮塔和操纵台，可以360°旋转，没有任何死角。它能够击毁任何空中目标和在轨卫星，而不像冷兵器和其他常规武器针对的是敌大规模有生力量。其动能是小型的核反应堆，也就是紧密的核电池技术。

▲ "佩列斯韦特"激光武器

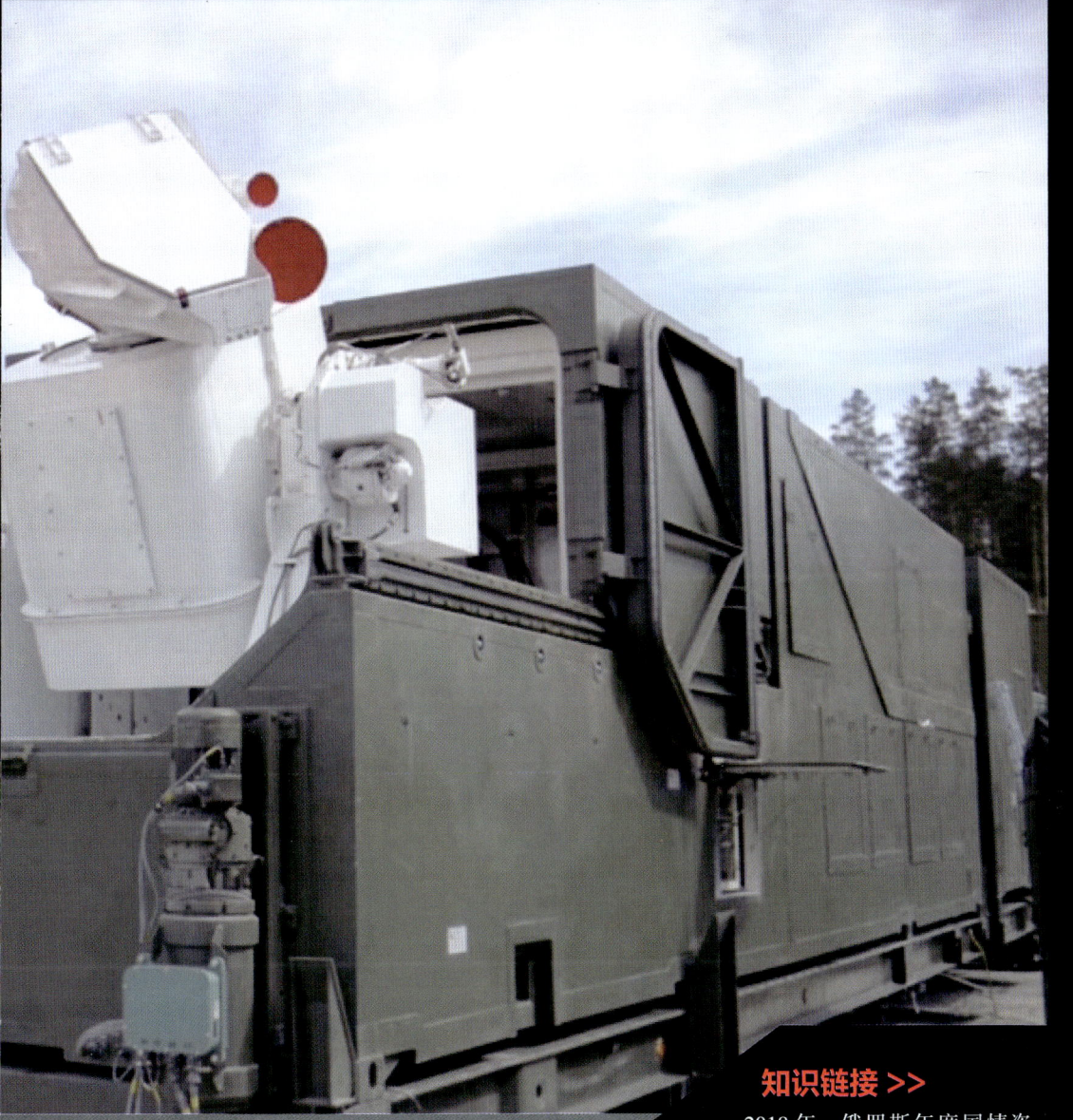

▲ "佩列斯韦特"激光武器

知识链接 >>

2018年，俄罗斯年度国情咨文中列出了当年6款新式装备，"佩列斯韦特"激光武器名列其中。据悉，2018年12月1日，"佩列斯韦特"激光武器正式担负战斗值班，操作它的小分队的每一个成员和战斗班组都经过莫日伊斯基航天军事学院的培训，熟练地掌握了这款武器。

BLUE DANUBE
"蓝色多瑙河"核炸弹（英国）

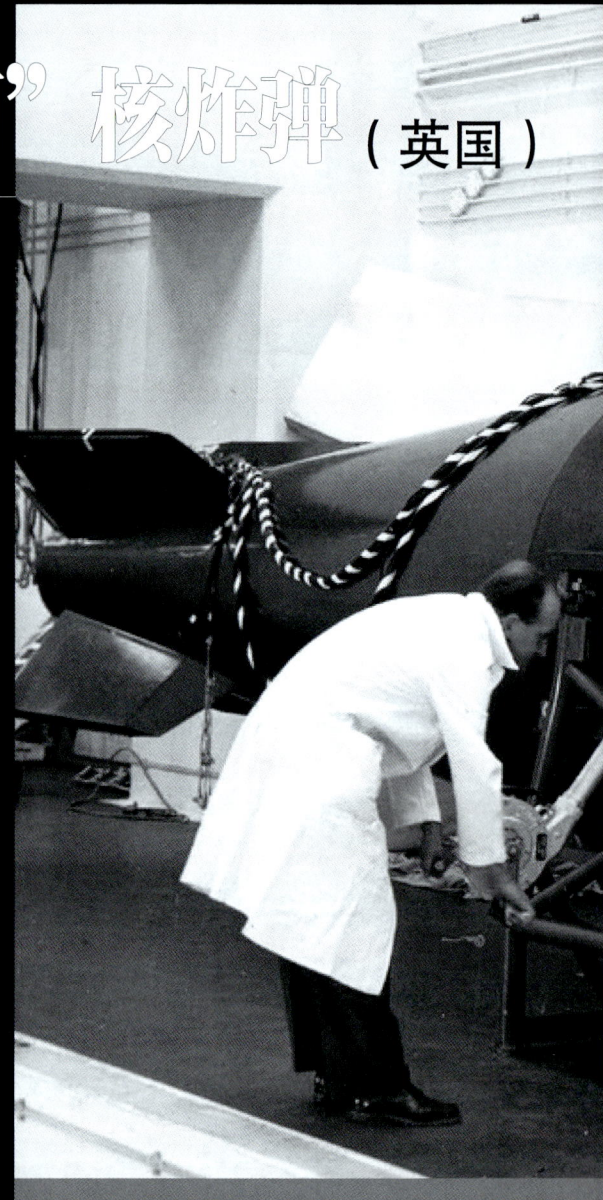

■ 简要介绍

"蓝色多瑙河"核炸弹是英国皇家飞机署于20世纪50年代初研制的英国最早的核武器之一。该型核炸弹于1952年首次进行试验，1953年装备部队，1962年退役。该核炸弹的诞生，使英国成为第三个拥有核武器的国家。

■ 研制历程

英国的核武器开发可追溯到1942年。当年夏天，英国首相丘吉尔和美国总统罗斯福在伦敦海德公园会晤，决定以美国为原子弹研试地点。不过，美国拒绝向英国提供有关情报。

二战后，英国人迅速在伯克郡建立了自己的科研基地。1946年8月，美国总统杜鲁门签署《麦克马洪法案》，美国开始垄断原子弹生产。

1949年2月，布鲁诺·蓬泰科尔从加拿大回到英国接任该基地主管科学的主任职务，使得英国的核科研工作具备了雄厚的科技力量。1952年，英国皇家飞机署便进行了"蓝色多瑙河"核炸弹的研制。同年10月3日，英国第一枚原子弹在澳大利亚蒙特贝洛沿海的船上试爆成功，英国成为世界上第三个拥有核武器的国家。

基本参数	
弹长	7米
装药类型	钚-239（试验型）
TNT当量	2万吨

■ 作战性能

"蓝色多瑙河"核炸弹由引爆控制系统、壳体、空气动力系统以及弹体内各部件组成。最初的试验型战斗部填料为钚-239，后期生产型改用钚-239和铀-235的混合核裂变装药弹芯。它体型虽然不大，但高达2万吨TNT当量的爆炸威力，可令一个大中型都市毁于一旦。

▲ "蓝色多瑙河"核炸弹

知识链接 >>

"蓝色多瑙河"核炸弹在1953年开始装备于英国部队。该核炸弹共生产了20枚,先后装备英国皇家空军的"勇士""火神"和"胜利者"轰炸机。

RED BEARD
"红须"战术核炸弹（英国）

■ 简要介绍

"红须"战术核炸弹是英国原子武器研究院于1954年开始研制的第二种核炸弹，也是第一种战术核炸弹。为降低纯钚弹提前爆炸的风险，该炸弹的核物质使用了钚和铀，并借助添加热核材料氚化锂助爆以大大增加其威力。该炸弹于1959年生产，次年开始装备英国皇家空军，不久又装备英国海军。

■ 研制历程

由于北约在地面部队上先天处于下风，转而大力发展空中力量，大名鼎鼎的"虎"式直升机、AH-64型直升机、A-10型攻击机、F-117型战斗机应运而生。

当时英国也研制出了"勇士""火神""胜利者""堪培拉"等轰炸机和"弯刀""掠夺者"等战斗机。为了给这些战斗机装备强大的火力，英国原子武器研究院于1954年开始研制第二种核炸弹，经过几年的努力，最终推出了比"蓝色多瑙河"的体积和重量更小、更轻的"红须"核炸弹。

基本参数	
弹径	710毫米
弹长	3.6米
全重	0.75千克
TNT当量	1.5万吨~2.5万吨

■ 结构性能

英国方面在"红须"结构上做了重大改进。为降低纯钚弹提前爆炸的风险，其核物质使用了钚和铀。同时，它借助添加热核材料氚化锂助爆以大大增加其威力，因此体积相比"蓝色多瑙河"核炸弹有所减小，重量有所减轻。该核炸弹有MK1和MK2两种型号，爆炸威力分别为1.5万吨TNT当量和2.5万吨TNT当量。

▲ "红须"战术核炸弹

知识链接 >>

1960年，"红须"核炸弹开始服役，英国皇家空军分配到了110枚。该核炸弹可搭载英国"堪培拉"和V型轰炸机。后来，英国皇家海军也分配到了35枚"红须"核炸弹，其搭载布莱克本"掠夺者""弯刀"等海军攻击机。1971年，"红须"核炸弹全部退役。

BLUE STEEL
"蓝剑"战略空地核导弹（英国）

■ 简要介绍

"蓝剑"是英国皇家空军拥有的第一代携带热核战斗部的战略空地核导弹，属于第一代战略空地导弹，由霍克·西德利航空公司于1954年开始研制。该弹于1962年进入皇家战略空军部队服役，成为"火神"和"胜利者"战略轰炸机的标准武器装备。

■ 研制历程

1954年，按照英国皇家空军的要求，霍克·西德利航空公司（今英国宇航公司）开始研制第一种携带有热核战斗部远距战略空地导弹。英国原计划在这种导弹上安装大威力的裂变战斗部，但考虑到核武器的发展趋势和节约钚-239核装药，改用热核战斗部。1958年，导弹进行了首次飞行试验。

后来由于财政困难，这种导弹停止了研制。这时，英国政府考虑选用美、英两国计划联合发展的一种战略空地导弹，但随后英国又取消了该项研制计划，决定引进美国的"北极星"潜射弹道导弹。

但是，组建该潜艇部队并使其初具作战能力至少要等到1970年，所以英国决定重启之前的研制计划，作为其过渡阶段的战略核武器运载工具，并定名为"蓝剑"。

基本参数	
弹长	10.7米
弹径	1.28米
弹重	7.7吨
飞行速度	1960千米/小时
最大射程	370千米

■ 作战性能

"蓝剑"空地核导弹与飞机外形相似，长尖卵形头部，鸭式气动布局，液体火箭发动机，具有固定推力燃烧室和可变推力燃烧室，采用百万吨级TNT当量的热核战斗部，制导和控制系统由惯性导航仪、飞行控制计算机和自动驾驶仪组成。惯性导航仪可以确定导弹的即时位置，飞行控制计算机可以确定飞行弹道，自动驾驶仪可以控制导弹飞行。

知识链接 >>

空地导弹为战略轰炸机用于远距离突防而研制的一种进攻性武器，主要用于攻击对方的政治中心、经济中心、军事指挥中心、工业基地和交通枢纽等重要战略目标。大多采用自主式或复合式制导，命中精度高，最大射程可达3000千米，弹重数吨，通常采用核战斗部。

▲ 英国"火神"战略轰炸机和"蓝剑"核导弹

"北极星"潜地导弹热核弹头（英国）

■ 简要介绍

"北极星"潜地导弹热核弹头是英国于1963年为购自美国的"北极星"A3T潜射导弹而自行研制的热核弹头，是由3个"北极星"热核子弹头组成的集束式热核弹头，每个热核子弹头的爆炸威力为20万吨TNT当量。该武器于1965年开始进行实战性各项性能试验，1968年开始入装"北极星"A3T导弹服役。

■ 研制历程

1959年，美国推出了世界上第一种真正能威慑全球、可携带W47热核式核弹头的潜射弹道导弹"北极星"，采用惯性制导方式，配有多个分导式弹头。同年11月15日，"北极星"A1正式开始入美军战斗值班。1961年，A2开始装备于核潜艇，其射程为2500千米。至"北极星"A3时，采用W58热核弹头，射程增至4600千米。

1962年12月，美、英两国签订协定，将美国"北极星"导弹转让给英国，但不包括导弹的热核弹头。因此，英国于1963年开始为新型的"北极星"A3T研制热核弹头。

基本参数	
重量	0.4吨
TNT当量	20万吨

■ 作战性能

英国制"北极星"热核弹头专门搭配于"北极星"A3T潜射导弹，该热核弹头是由3个热核子弹头组成的集束式热核弹头，每个热核子弹头的爆炸威力为20万吨TNT当量。"北极星"潜射导弹在水下发射时，先利用压缩惰性气体将发射管中的导弹弹出水面，然后火箭发动机点火。特制的北极星型潜艇，能够在15分钟内将定额装备的16枚导弹全部发射出去。

知识链接 >>

"北极星"A3导弹，代号为UGM-27C，是"北极星"系列导弹的最后产品，采用了较轻的结构，拥有更好的推进器，导弹的射程大大增加，当时A3导弹通过两级玻璃纤维外壳减轻重量，制导系统也减轻了60%左右，射程提高到4600千米。

▲ "北极星"潜地导弹

VANGUARD-CLASS
前卫级战略核潜艇（英国）

■ 简要介绍

前卫级战略核潜艇是英国20世纪80年代研制的第二代战略核潜艇。该级艇采用了英国首创的泵喷射推进技术，有效降低辐射噪声，安静性和隐蔽性尤为出色。前卫级更换核反应堆芯的间隔时间预计8年~9年。潜艇外表覆盖均匀的吸声涂层，光导发光潜望镜是前卫级的新特征。

■ 研制历程

1983年12月，美国电船分公司签订英国"三叉戟"系统设计研究合同。同年，英国阿姆斯特朗造船工程有限公司签订潜艇合同，该级艇命名为"前卫级"。英国逐渐建立核威慑力量，装备"三叉戟"Ⅱ型（D-5）导弹的4艘弹道导弹核潜艇可以打击896个目标。

前卫级首艇于1986年9月3日开工建造，1992年3月4日下水，1993年8月14日服役，共建4艘，全部在役。

基本参数	
艇长	149.9米
艇宽	12.8米
吃水	12米
水下排水量	15900吨
水下航速	25节
潜深	350米
艇员编制	135人（两班制）
动力系统	1座PWR-2型压水堆 2台蒸汽轮机 2台柴油交流发电机

■ 作战性能

前卫级战略核潜艇装备了16枚洛克希德"三叉戟"Ⅱ型（D-5）潜射弹道核导弹，射程为12000千米。每枚导弹可携带8个爆炸威力为15万吨TNT当量的分导式多弹头，每艘艇的弹头数为128个，总爆炸威力为1920万吨TNT当量，圆周偏差率为90米。D-5能够装载12个机动分弹头，但英国制造的限制在7个~8个分弹头。

▲ 前卫级战略核潜艇

知识链接 >>

2015年5月初，英国一名海军机械师通过网络向公众曝出前卫级的30项安全及安保漏洞，包括食品卫生投诉、测试失败的导弹是否可以安全启动、导弹安全程序被忽略和对绝密信息的保护等问题。安检漏洞方面，携带进潜艇的包从来不需要检查。此外，核潜艇的身份识别系统已经破坏，保安也不会检查通行证。

VICTOR
"胜利者"战略轰炸机（英国）

■ 简要介绍

"胜利者"轰炸机是英国的喷气式战略轰炸机，是著名的"3V"轰炸机之一，在战争中有不俗的表现。然而，"英雄迟暮"，到1993年时，它已经服役了36年，终于被VC-10轰炸机取代。同年10月15日，最后一个"胜利者"轰炸机中队解散。

■ 研制历程

1947年年初，英国皇家空军提出设计要求，汉德利·佩奇公司的设计方案入选，1949年签订原型研制合同。为避免研制风险，汉德利·佩奇公司决定先在一种小型机体上测试他们新设计的月牙机翼／尾翼。他们购买了"超级马林"510的机身，并安装月牙形机翼和T形尾翼。1952年12月24日，原型机首飞成功。1956年年初，第一架生产型"胜利者"下线并于2月1日首飞。1957年11月，生产型交付使用，作为英国最后一种战略轰炸机已于1993年退役。

基本参数	
长度	35米
翼展	33.5米
高度	8.6米
空重	40.5吨千克
最大起飞重量	85吨
动力系统	4台涡喷发动机
最大航速	1014千米／小时
实用升限	18.3千米
最大航程	8000千米

■ 作战性能

"胜利者"轰炸机机头装有雷达，尾锥内装有电子对抗装置；装备有1枚"蓝剑"核导弹。"胜利者"采用月牙形机翼和高平尾布局，4台发动机装于翼根，采用两侧翼根进气。

知识链接 >>

"胜利者"战略轰炸机在战场上成功率较高。其中6架由55中队的安迪·普赖斯下士提议，绘上了机鼻艺术，战绩（以小油筒表示）也被标示其上，此外，还记录了一次不平常的"击落"——一架"胜利者"在滑行时撞上了一辆卡车，并将之摧毁。

▲ "胜利者"战略轰炸机

AN-11/22

AN11/22 型核炸弹（法国）

■ 简要介绍

AN-11 是法国的第一种实战核武器，是一种以钚为填料的纯裂变核武器。该弹作为由"幻影"4A 型轰炸机携带的核航弹，1962 年开始进行第一次试验，1964 年开始装备部队。1967 年，AN-11 开始被其改进型号 AN-22 替换。

■ 研制历程

1954 年 5 月，法国在奠边府战役中失败。这次军事失败刺激了法国政府对核武器的兴趣。同年 12 月 26 日，法国政府正式批准研制核武器。1956 年，美国对于苏伊士运河危机的态度，使法国不再相信美国的核保护承诺。同年 11 月 30 日，法国国防部和 CEA 开始准备进行核试验。

1958 年 4 月，法兰西第四共和国最后一任首相菲里克斯·盖拉德正式下令开始制造第一个核试验装置。经过多年努力，1962 年，法国推出了第一种实用型核弹头——"幻影"A4 轰炸机携带的 AN11 核炸弹；之后到 1967 年，又推出了性能更为安全的 AN22。

基本参数（AN11）	
全重	1.5 吨
TNT 当量	6 万吨
装药类型	钚-239

■ 作战性能

AN11 型核炸弹采用钚-239 为纯裂变装药，内爆法组装结构，爆炸威力为 6 万吨 TNT 当量。其改进型 AN22 型也属于内爆法纯裂变钚弹，爆炸威力为 60 吨~70 吨 TNT 当量，后来减轻了弹重（0.75 吨），但爆炸威力不变；该型核炸弹还增加了安全结构和阻力降落伞；一旦发生事故，核炸弹可自动失效，从而提高了安全性能。

▲ AN11/22 型核炸弹

知识链接 >>

1945年10月18日，戴高乐将军提议进行原子弹的研究，成立了原子能委员会，由著名物理学家居里夫人的女婿弗雷德里克·约里奥·居里担任主要负责人。1960年2月13日，法国在撒哈拉大沙漠的一座100米的高塔上试爆成功了第一枚原子弹。这枚原子弹具有6万吨TNT当量的核裂变能量。法国成为世界上第四个拥有核武器的国家。

AN51/52 型核炸弹（法国）

■ 简要介绍

AN51 和 AN52 型核炸弹是法国于 20 世纪 70 年代研制的两种核武器。AN51 于 1971 年 6 月 5 日进行首次核爆试验，1973 年进入库存，1974 年 5 月装备在法国"冥王星"地地战术导弹上；AN52 于 1972 年进行实战型核炸弹的首次空投爆炸试验，1973 年装备在"幻影"3E、"美洲虎"和"超军旗"作战飞机上。

■ 研制历程

法国第一种导弹核弹头是 S2 中程地地弹道导弹使用的 MR31 弹头，于 1965 年 10 月首次试射，1966 年 11 月进行首次热试验。

就在 S2 进行首次试射时，法国为了建立战术层面的独立核威慑，开始平行研制"通用战术核武器"MR50，1966 年 7 月试验成功，并在此基础上研制了用于短程导弹的 AN51 钚裂变型导弹核弹头和战术核武器 AN52 核炸弹。

AN51 型核弹头于 1971 年 6 月进行了首次热试验，1974 年 5 月服役，共制造了约 70 枚，1993 年退役。AN52 型核炸弹 1972 年 8 月进行了空投核试验，1973 年开始服役，至 1991 年开始退役，共制造了 80 枚～100 枚。

基本参数	
弹径	650毫米
弹长	1.5米
全重	0.5吨
TNT当量	1万吨~2.5万吨

■ 实战表现

AN51 和 AN52 型核炸弹均属钚裂变型。AN51 型可在距地面 0.3 千米～0.4 千米的低空试爆或在地面试爆。AN52 型为改进型核炸弹，有两种爆炸威力：一种爆炸威力为 0.6 万吨～0.8 万吨 TNT 当量，另一种为 2.5 万吨 TNT 当量。AN51 主要搭载于 1967 年制造的"冥王星"地地战术导弹。整个作战系统包括导弹、发射车、指挥车和运输车等。

▲ 1960年2月20日，法国首次进行核炸弹试验

知识链接 >>

1960年2月13日，法国在撒哈拉大沙漠中的核试验场成功进行了首次核试验，爆炸当量6万吨~7万吨，试验代号"蓝色跳鼠"。跳鼠是一种沙漠啮齿动物，而蓝色是法国国旗的第一个颜色，法国第二枚和第三枚炸弹分别被命名为"白色跳鼠"和"红色跳鼠"。为了确保核试验成功，法国方面使用了过量的钚，因此法国的首次核试验是核国家首次核试验中当量最大的。

S3型弹道导弹（法国）

■ 简要介绍

S3型弹道导弹是法国宇航工业公司弹道和空间系统分部1972年开始研制的第二代陆基中程弹道导弹，它的战斗部为TN-61核弹头。该导弹于1980年开始服役，1984年升级为抗核电磁脉冲的S3D。

■ 研制历程

TN-60热核弹头是法国替代能源公司研制的第一种采用加固的热核装置，爆炸威力为100万吨TNT当量的热核武器，于1968年进行首次试验，1967年首批弹头交付法国海军，安装在M-20潜地弹道导弹上。

1972年开始，法国宇航工业公司弹道和空间系统分部开始研制第二代陆基中程弹道导弹。至1977年时，它装备了改进型的TN-61热核弹头，称为S3型弹道导弹。

▲ S3弹道导弹

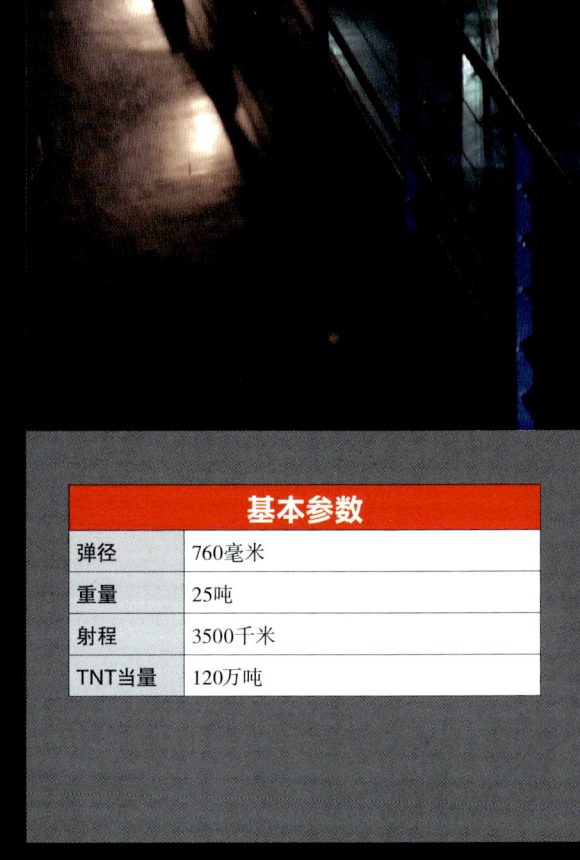

基本参数	
弹径	760毫米
重量	25吨
射程	3500千米
TNT当量	120万吨

▲ S3 型弹道导弹

知识链接 >>

第一批 9 枚 S3 导弹于 1980 年 6 月开始服役，第二批 9 枚 S3 导弹于 1983 年 1 月服役。1984 年 9 月，18 枚 S3 导弹升级为抗核电磁脉冲的 S3D。1996 年 9 月，S3 导弹开始退役。替代能源公司总共为法国海军和陆军生产了大约 90 枚 TN-61 热核弹头。在 1996 年之前的 10 年，法国曾经保持了可观的"三位一体"核力量。

PLUTON

"冥王星"战术弹道导弹（法国）

■ 简要介绍

"冥王星"战术导弹是法国陆军研制的机动式地地战术弹道导弹，装有当量1万吨~2.5万吨的AN51核弹头，1974年服役，共装备5个炮兵团，组成了法国第一代战术核力量。1993年，该导弹正式退役。

■ 研制历程

法国从1965年开始研制"通用战术核武器"MR50，1966年7月试验成功，并在此基础上研制了用于短程导弹的AN51核弹头和战术核武器AN52核炸弹。AN51是纯裂变武器，可在距地面0.3千米~0.4千米低空爆炸或行进地面爆炸试验。1967年，以它作为战斗部的这种机动式地地战术弹道导弹研制成功，即"冥王星"导弹。

1974年5月1日，"冥王星"导弹开始装备法国的核战略部队，共制造了70枚，装备5个炮兵团，每个核炮团下设3个连，每连配备2台发射车和1台指挥车，每辆发射车运载2枚"冥王星"导弹。

基本参数

弹长	7.64米
弹径	650毫米
弹重	2.42吨
最大射程	120千米
最大速度	2450千米/小时
核弹头当量	1万吨~2.5万吨

■ 结构性能

"冥王星"战术弹道导弹，60%的核弹头采用1万吨当量的AN51。在战斗行进中，核弹头被秘密装于普通的运输车上。整个作战系统包括导弹、发射车、指挥车和运输车等。导弹采用惯性制导、两级固体火箭发动机。

知识链接 >>

由于"冥王星"导弹射程过短,有西方记者为此曾经调侃,如此短的射程真不知道是用来对付谁的。后来法国曾计划研发该导弹的升级型"超级冥王星"导弹,1988年计划终止,让位于射程达480千米的"哈德斯"导弹。1993年,"冥王星"战术导弹开始退役;1995年全部退役。

▲ "冥王星"战术弹道导弹

ASMP 空地核巡航导弹（法国）

■ 简要介绍

"阿斯姆普"（ASMP）是"中距空地导弹"的法文缩写音译，它是法国宇航公司20世纪70年代末开始为装备法国空军的"幻影"战斗轰炸机及海军的"超军旗"攻击机而研发的，装备有先进的TN80和TN81热核战斗部。自从美国的AGM-129空射巡航核导弹被封存以后，目前世界上仍然服役的空地核导弹就只剩下ASMP-A核导弹这一根"独苗"了。

■ 研制历程

20世纪70年代，冷战进入高度对抗阶段，面对苏联大规模的机械化部队，欧洲各国急需要一种快速反应的中程空地核导弹用来与之对抗。为取代原先由"幻影"战斗轰炸机投掷的AN22和"超军旗"攻击机投掷的AN52自由落体核炸弹，法国宇航公司于1976年开始计划研制ASMP导弹。

在此之前，1974年，新型的TN80热核炸弹已经进行"初级"核装置试验，1977年年底开始研制其"次级"核装置和整弹结构。1978年正式在TN80基础上研发ASMP导弹。1984年改进型TN81热核战斗部推出后，也被ASMP采用。1987年，法国军方继续改良ASMP导弹，最终只有1996年开始研发的ASMP-A被采用，A即表示"改良"。

基本参数	
弹长	5.38米
弹径	0.38米
弹重	0.86吨
射程	300千米

■ 作战性能

ASMP导弹的弹体主要用不锈钢和钛合金制成，能经受350℃的气动加热，其表面涂有吸波层，对内部结构和电子设备采取防核爆加固措施，能抗电磁脉冲、核辐射、核爆炸效应。其战斗部TN80/81核弹头采用加固的小型化热核装置；发动机为整体式火箭－冲压喷气发动机，具有较高的推力经济指标，能进行超声速巡航飞行，并提高了突防能力，可以有效攻击地面和海上重要目标。

▲ ASMP 空地核巡航导弹

知识链接 >>

基本型的 ASMP 空地导弹于 1986 年服役。1996 年,"幻影"战斗轰炸机退役后,ASMP 导弹即转交至"幻影"2000N 战斗机与"超军旗"攻击机上,从而使法国海军成为唯一一个可以借由航空母舰舰载机空射核武器的部队。2005 年,改良型 ASMP-A 首度于"戴高乐"号航空母舰上的"阵风"战斗机进行挂载测试;2006 年 1 月,由"幻影"2000N-K3 试射;2008 年起开始于法国海空军中服役。

MONGE
"蒙日"号航天测量船（法国）

■ 简要介绍

"蒙日"号航天测量船是法国海军现役唯一一艘航天测量船，船上庞大的航天测量系统十分齐全，仅导弹跟踪雷达就有6部，具有非常强的导弹跟踪能力，反映了当今法国航天测量船的最高发展水平。法国弹道导弹的发射试验由法国弹道导弹核潜艇和法国国防采购局陆基导弹发射中心共同负责，海上测量工作则由"蒙日"号负责。"蒙日"号测量船的后勤保障工作由法国国防采购局的试验中心局负责。服役至今，"蒙日"号已先后参加150多次法国海军M系列弹道导弹的发射测试工作。

■ 研制历程

1990年3月26日，"蒙日"号航天测量船在法国圣纳泽尔市的大西洋造船厂开工建造，同年10月6日下水。1992年11月4日，"蒙日"号正式在法国海军服役，用来替代1968年服役的"亨利·普安卡勒"号航天测量船，母港是位于法国西部的布雷斯特海军基地。"蒙日"号被列为试验测量船，主要用于法国战术与战略导弹的跟踪和测量。

基本参数	
船长	225.6米
船宽	24.8米
吃水	7.7米
满载排水量	21040吨
航速	16节
船员编制	110人
动力系统	2台柴油机

■ 性能特点

"蒙日"号测量船装备2门20毫米炮，2架"超黄蜂"直升机。其综合测量系统包括跟踪雷达和分析雷达以及一整套性能强大的计算机网络系统。同时，还包括一套性能完善的遥控测量系统、一套气象分析系统、一套光学跟踪系统和大量通信设备。"蒙日"号有对空搜索雷达、6部导弹跟踪雷达、导航雷达、卫星通信系统、14部遥测天线、光电跟踪装置、激光脉冲雷达等，具有较强的跟踪能力。

▲ "蒙日"号航天测量船

知识链接 >>

　　航天测量船是对航天器及运载火箭进行跟踪、测量、控制和数据传输的专用船舶,也是航天测控网的海上机动测控站。航天测量船的主要任务是在海上进行跟踪、遥测战略导弹的飞行轨迹及弹着点;测量人造卫星、航天飞机、宇宙飞船等在宇宙空间的飞行数据,并进行遥控和传输指令等。

TRIOMPHANT-CLASS
凯旋级战略核潜艇（法国）

■ 简要介绍

凯旋级战略核潜艇，又名胜利级，是法国海军隶下的一型核动力弹道导弹潜艇，是法国第二/三代弹道导弹核潜艇。它是法国在役的最先进的战略核潜艇，采用的一些先进技术不同于美国和英国，但仍处于世界领先地位。该级艇用于取代法国原有的可畏级战略核潜艇。该级潜艇由于采用了大量的先进技术，如先进的一体化自然循环核反应堆、全电力推进、整合的静音技术、新型的弹道导弹以及先进的电子侦察设备，堪称法国未来几十年核威慑力量的绝对中坚。

■ 研制历程

凯旋级战略核潜艇首艇"凯旋"号于1989年6月9日在瑟堡海军造船厂开工建造，1994年3月26日下水，1997年3月21日服役。凯旋级战略核潜艇共建造了4艘，分别为"凯旋"号、"鲁莽"号、"警戒"号和"可惧"号。末艇于2010年服役。

基本参数

艇长	138米
艇宽	12.5米
吃水	10.6米
水下排水量	14335吨
水下航速	25节
潜深	400米
自持力	大于60天
艇员编制	111人
动力系统	1座K-15压水堆 2台蒸汽轮机

■ 性能特点

凯旋级战略核潜艇作为法国建造吨位最大的战略核潜艇，具有攻击力强、隐身性好、自动化程度高和安全可靠的特点。截至2003年1月，法国拥有各型核弹头348枚，其中由潜射弹道导弹和舰载强击机投掷的有298枚，凯旋级的核打击能力占法国整个核力量的85%以上，因此是法国战略核打击力量的主要支柱。

▲ 凯旋级战略核潜艇

知识链接 >>

2009年2月，英国前卫级战略核潜艇"前卫"号与凯旋级战略核潜艇"凯旋"号在大西洋中部发生"碰撞"，对双方潜艇都造成了"大面积"损伤，双方核潜艇上都携带有核导弹。事后英国海军强调，虽然两艘核潜艇在水下发生碰撞，但没有对艇上的核反应堆或者导弹造成任何损伤，两艘潜艇"亲密接触"的其他细节也没有被公布。

DASSAULT MIRAGE IV
"幻影"IV战略轰炸机（法国）

■ 简要介绍

"幻影"IV战略轰炸机由法国达索公司研制，它可能是现代世界上最小巧的超声速战略轰炸机，可携带核炸弹或核巡航导弹高速突破防守，攻击敌战略目标。

■ 研制历程

1956年，法国为建立独立的核威慑力量，在优先发展导弹的同时，由空军负责组织研制一种能携带原子弹执行核攻击的轰炸机。南方飞机公司和达索公司展开了竞争，前者推出了"秃鹰"II战术轰炸机的改型"超秃鹰"–4060，后者研制"幻影"III的发展型"幻影"IV。法空军最后选中了"幻影"IV。

1959年6月17日，"幻影"IV原型机首飞。第一架预生产型飞机用作轰炸试验，于1961年10月12日首飞。第二架用来研究导航系统和在头部加装空中加油系统，与KC–135F加油机配合进行空中加油试验。第三架是完全的实用型，于1963年1月23日首飞。1964年年底开始在法国战略空军服役。

基本参数	
长度	23.49米
翼展	11.85米
高度	5.4米
空重	14.5吨
最大起飞重量	33.5吨
动力系统	2台涡轮喷气发动机
最大航速	2695千米/小时
实用升限	20千米
最大航程	3700千米

■ 性能特点

"幻影"IV基本型的武器为半埋在机腹下的1枚爆炸当量为5万吨级的核炸弹，或16枚0.45吨炸弹，或4枚AS.37空地导弹。严格地讲，"幻影"IV不能算是一种真正的轰炸机，而像是一种专用的核攻击机，携带核炸弹利用高速进行突防，任务单一。

知识链接 >>

达索飞机制造公司是法国的一家飞机制造商，也是世界主要军用飞机制造商之一，具有独立研制军用和民用飞机的能力，公司总共生产了各型飞机650余架。1967年，达索公司与布雷盖公司合并成立达索飞机制造公司。它多年来主要以军用飞机为经营重点，如阵风战斗机，进入20世纪90年代以后才开始向高级政府公务飞机领域发展。

▲ "幻影" IV 战略轰炸机

NAUTILUS
"鹦鹉螺"车载激光反火箭系统（以色列）

■ 简要介绍

"鹦鹉螺"车载激光反火箭系统是20世纪90年代以色列以高能氟化氘化学激光器和光束瞄准系统射击飞行的火箭弹，它与传统的激光系统相比功率更高、光束更强、性能更好。其在1996年的试验中取得了良好效果。

■ 研制历程

自20世纪60年代激光技术问世以来，科学家就希望能够研制出激光武器，并为此进行了锲而不舍的努力。但是，要研制这种全新的武器，科学家面临着一系列技术上的挑战。多年来，在解决这些技术难题的科学探索过程中，科学家尽管屡战屡败，但屡败屡战，逐步向实现激光武器的梦想迈进。

以色列和美国合作，制订了"鹦鹉螺"计划进行试验，以高能氟化氘化学激光器和光束瞄准系统射击飞行的火箭弹，这就是车载"鹦鹉螺"激光反火箭系统。

■ 结构性能

"鹦鹉螺"战术高能激光系统主要由两大部分构成：一是追踪和锁定来袭弹头的高能雷达；二是形如大型探照灯的激光发射器。其工作程序分为两步：首先，雷达追踪飞行中的火箭轨迹并确定其位置，然后该系统发射高能激光束摧毁目标。其次，该激光武器安装在装甲车或卡车上，其化学燃料可进行50次射击，毁伤导弹的壳体、制导系统、燃料箱等部件，使之失效或爆炸。

▲ "鹦鹉螺"车载激光反火箭系统

▲ "鹦鹉螺"车载激光反火箭系统

知识链接 >>

1996年后,以色列暂停了发展战术高能激光器项目。2006年,以色列国防军重新引入美国诺斯罗普·格鲁曼公司基于"鹦鹉螺"战术高能激光项目发展而来的"空中哨兵"陆基防空系统。

图书在版编目（CIP）数据

核武器与尖端武器 / 郭长存编著 . — 沈阳：辽宁美术出版社，2022.3（2025.5 重印）
（军迷·武器爱好者丛书）
ISBN 978-7-5314-9125-5

Ⅰ.①核… Ⅱ.①郭… Ⅲ.①核武器—世界—通俗读物②武器—世界—通俗读物 Ⅳ.① E928-49 ② E92-49

中国版本图书馆 CIP 数据核字 (2021) 第 256722 号

出 版 者：辽宁美术出版社
地　　址：沈阳市和平区民族北街29号　邮编：110001
发 行 者：辽宁美术出版社
印 刷 者：天津画中画印刷有限公司
开　　本：889mm×1194mm　1/16
印　　张：14
字　　数：220千字
出版时间：2022年3月第1版
印刷时间：2025年5月第2次印刷
责任编辑：张　玥
版式设计：吕　辉
责任校对：满　媛
书　　号：ISBN 978-7-5314-9125-5
定　　价：99.00元

邮购部电话：024-83833008
E-mail：lnmscbs@163.com
http://www.lnmscbs.cn
图书如有印装质量问题请与出版部联系调换
出版部电话：024-23835227